高职高专规划教材

环境友好化学

陈 林 主编

张 丽 周林平 副主编

化学工业出版社

·北京·

本书根据高职高专环境监测与治理、环境科学等专业的特点，结合高职高专教育的需求，在编写方式上打破传统，构建了"项目引领，任务导向"式的课程体系，重构了本课程内容，将理论与实践有机地结合，重点突出、难度适中。其内容涵盖了基础化学、环境化学、环境工程原理、化学实验技术。

　　本书为高职高专环境类专业、化工类专业的教材，也可供化学爱好者阅读。

图书在版编目（CIP）数据

环境友好化学/陈林主编. —北京：化学工业出版社，
2015.4

高职高专规划教材

ISBN 978-7-122-22885-7

Ⅰ.①环…　Ⅱ.①陈…　Ⅲ.①环境化学-高等职业教
育-教材　Ⅳ.①X13

中国版本图书馆 CIP 数据核字（2015）第 018802 号

责任编辑：王文峡　　　　　　　　　文字编辑：林　媛
责任校对：宋　玮　　　　　　　　　装帧设计：张　辉

出版发行：化学工业出版社（北京市东城区青年湖南街 13 号　邮政编码 100011）
印　　刷：北京永鑫印刷有限责任公司
装　　订：三河市宇新装订厂
710mm×1000mm　1/16　印张 11½　字数 206 千字　　2015 年 3 月北京第 1 版第 1 次印刷

购书咨询：010-64518888（传真：010-64519686）　售后服务：010-64518899
网　　址：http://www.cip.com.cn
凡购买本书，如有缺损质量问题，本社销售中心负责调换。

定　　价：28.00 元

前　言

　　为了适应社会对技术应用型人才的需求和职业教育的发展，高等职业教育的教学模式、教学方法需要不断改革，高职教材也必须与之相适应，进行重新调整和定位，突出自身的特色。

　　《环境友好化学》根据高职高专环境监测与治理等专业的特点，结合高职高专教育新的需求，其内容涵盖了基础化学、环境化学、环境工程原理、化学实验技术。在编写方式上打破了传统，构建了"项目引领，任务导向"式的课程体系，重构了本课程内容，将理论与实践有机地结合，重点突出、难度适中。本教材的主要特点如下。

　　1. 在编写方法上打破了以往教材过于注重"系统性"的倾向，摒弃了一些不必要的内容和繁琐的理论推导。精练理论，突出实用技能，强调实践性，内容体系更加合理。全书分九个学习情境，每个学习情境下设工作任务，每个任务按"任务准备—任务实施"展开，并通过"相关知识"为学生提供理论知识支撑。

　　2. 本教材以应用为目的，本着"必需、够用"为度，尽量减少数理论证，突出应用实际，内容由浅入深。注重现实社会发展和学生就业需求，以培养学生职业岗位群的综合能力为目标，充实实训项目和实践内容，强化应用，有针对性地培养学生较强的职业基本技能。

　　3. 教材内容的设置有利于扩展学生的思维空间，促进学生自主学习，着力于培养和提高学生的综合素质，使学生具有较强的创新能力，促进学生的个性发展。因此，课程内容强调通过实际操作来学习，对实训项目、内容深浅度以及课时数等进行调整、取舍和补充。

4. 教材中设置了"引入案例"，涵盖了大量环境现状、监测手段等，具有一定的先进性。

本教材由陈林（四川化工职业技术学院）主编，张丽（四川化工职业技术学院）、周林平（四川化工职业技术学院）任副主编，陶凤（四川化工职业技术学院）等参与编写。其中陈林、唐利平编写学习情境一和学习情境二、三、四中的相关知识部分；张丽、张欣编写学习情境二至九中的工作任务，周林平、陶凤编写学习情境五至九中的相关知识。本书由四川化工职业技术学院制药与环境工程系主任张欣、副主任唐利平主审。

本教材在编写过程中还得到了泸州市江阳区环保局总工程师张利梅、泸州市高中高级化学教师邓世友等同行和行业专家的大力支持和指导，同时教材也参考了大量的专著、期刊和书籍，在此表示感谢！

编者
2015 年 1 月

目　录

学习情境一

认识化学实验室与基本操作

【引入案例】 2008年7月，国内某大学一名博士生在实验室做实验时发生化学爆炸，其面部被严重炸伤，左手手指只剩拇指。2009年10月21日凌晨，北京某药品技术有限公司实验室存放有大量的甲醇、乙醇等易燃易爆品和化学品的柜子着火，造成大量财产损失。2009年11月18日凌晨，国内某研究所一实验室因实验室人员白天做完实验后未及时关闭实验仪器，实验材料持续反应发生火灾。

 ## 任务一　调研实验场所各种 安全、消防设施

一、知识目标

1. 熟悉实验室的主要设施及布局，主要仪器设备以及通风橱的位置、开关和安全使用方法；

2. 熟悉实验室意外事故的紧急处理方法；

3. 熟悉消防器材（消火栓、灭火器等）、紧急急救箱、紧急淋洗器、洗眼器等装置的位置和正确使用方法，以及实验室安全通道；

4. 掌握实验室常用灭火器材的使用方法。

二、能力目标

1. 懂得实验室安全与做好实验的关系；
2. 自觉养成注意安全、保护环境的实验习惯。

三、任务准备

任务准备用品：干粉灭火器、二氧化碳灭火器、柴草、汽油、火柴等。

四、任务实施

1. 准备火场

① 在开阔安全的空地上准备好柴草；

② 在柴草上洒上汽油。

2. 使用灭火器

（1）基本知识准备

熟悉现场灭火器的类型、型号、灭火级别、使用对象、灭火原理、操作方法等，讲解灭火器的主要部件及其结构。

（2）灭火操作训练

将火场的柴草点燃后，按照各种灭火器的使用方法进行灭火操作练习。

3. 注意事项

① 灭火器使用时，不得将筒盖或筒底对着人体，以防喷嘴堵塞导致灭火器发生爆炸而伤人。

② 灭火时要果断迅速，不要遗留残火，以防复燃。如果扑救的是可燃液体流淌火灾，不要直接喷射液面，以防燃烧液体溅出或流散到外面使火势扩大。

③ 使用二氧化碳灭火器灭火时，喷嘴应从侧面由火源上方往下喷射，喷射的方向要保持一定的角度，使二氧化碳迅速覆盖火源。

④ 使用二氧化碳灭火器时，手一定要握住喇叭形喷筒根部的手柄，因为二氧化碳汽化时会吸热，导致喇叭筒局部部位温度降低，手握在喇叭筒上容易被冻伤。

⑤ 在室外使用时，应选择上风方向喷射；在室内窄小空间使用时，灭火后操作者应迅速离开，以防窒息。

4. 撰写并提交任务实施的总结报告

【相关知识】

一、安全与环保

1. 化学实验室安全

在化学实验中，经常需要接触有毒性、腐蚀性、易燃烧和具有爆炸性的化学药品，常常使用易碎的玻璃和瓷质器皿，这些都潜伏着一定的危险，因此，必须清楚地认识到，安全是实验室最重要的工作，没有安全就没有一切。

2. 化学实验规则

为了保证正常的实验环境和秩序，防止意外事故的发生，使实验安全、顺利地进行，进入实验室前必须阅读《化学实验规则》，并严格遵守相关规定。

① 实验前应充分准备，认真预习，明确实验目的，了解实验的基本原理和方法。

② 进入实验室首先必须熟悉周围环境，明确总电源、气阀、水阀、药品存放处等的位置和使用方法，明确疏散口、通风机开关、消防和急救器材等的位置、标志和使用方法。

③ 做化学实验期间必须穿实验服（过膝、长袖），戴防护镜或自己的近视眼镜（包括戴隐形眼镜者）。长发（过衣领）必须扎短或藏于帽内，不准穿拖鞋。

④ 在实验室内不允许嬉闹、高声喧哗、到处乱走，也不允许戴耳机边听边做实验。禁止在实验室内吃食品、喝水、咀嚼口香糖、吸烟等。遵守纪律，不迟到、不早退，不得无故缺席。

⑤ 遵守药品领用、存放和使用规定，特别是易燃、易爆、腐蚀、有毒的药品；打开挥发性的药品如氨水、盐酸、硝酸、乙醚等药瓶封口时，应先盖上湿布，再开动瓶塞，以防溅出。未用完的药品应妥善收藏，危险药品须交实验室管理人员，养成规范放置药品、仪器的习惯。

⑥ 按需按规范取用药品，不得随意过量；取用之后必须及时盖好原瓶盖，放回原处或指定地方；禁止使用不明确的药品，严禁随意混合药品和将实验室物品擅自带走。

⑦ 保持实验室通风良好，严格按照科学规律设计实验装置并检查装置的合理稳固性，严格按实验布置操作，防止意外事故发生。

⑧ 实验中要集中注意力，认真操作，不得随意到处走动。仔细观察，将实验中的一切现象和数据都如实记在报告本上，不得涂改和伪造。根据原始记录，认真处理数据，按时提交实验报告。

⑨ 实验过程中，随时注意保持工作环境的整洁。一切废弃物必须放在指定的废物收集器内。火柴梗、纸张、废品等只能丢入废物缸内，不能丢入水槽，以免水槽堵塞。

⑩ 实验完毕后，应及时清洗仪器，仪器、药品放回原处，并摆放整齐，桌面擦拭干净。同学轮流值日负责打扫和整理实验室，关好水、电、气开关以及门、窗，并请实验室老师检查。

⑪ 尊重实验教师的指导，服从安排。实验结束后，由指导老师签字，方可离开实验室。

3. 化学实验室安全规程

① 使用电器设备时，切不可用湿润的手去开启电闸和电器开关。

② 使用浓 HNO_3、HCl、H_2SO_4、$HClO_4$、氨水时，均应在通风橱中操作。在夏天开启浓氨水时，应先将试剂瓶放在自来水流水下冷却后再行开启。

③ 实验室内严禁任何化学药品入口。切勿以实验器皿代替水杯、餐具等使用。实验结束后要洗手，如曾使用过有毒药品，还应漱口。水、电使用完毕后，应立即关闭。

④ 加热和浓缩液体时，容器口要朝向无人处。会产生刺激性或有毒气体的实验应在通风橱内进行。嗅刺激性气体时不能直接凑近容器口，应用手将气流扇向自己的鼻孔。

⑤ 使用浓酸、浓碱等强腐蚀性试剂时要小心，以免溅在皮肤、衣服和鞋袜上，一旦溅上应立即用水冲洗、擦净。如果溅入眼中应迅速用洗眼器冲洗。若溅在身上的化学品较多的话，需立即进行冲淋。然后用 $50g/L NaHCO_3$ 溶液（酸腐蚀时采用）或 $50g/L$ 硼酸溶液（碱腐蚀时采用）冲洗，最后用水冲洗。

⑥ 用乙醇、乙醚、苯、丙酮、三氯甲烷等有机溶剂时，一定要远离火焰和热源。使用完后将试剂瓶塞严，放在阴凉处保存。低沸点的有机溶剂不能直接在火焰或热源（煤气灯或电炉）上加热，而应在水浴上加热。

⑦ 如发生烫伤，可在烫伤处抹上黄色的苦味酸溶液或烫伤软膏。严重者应立即送医院治疗。实验室如发生火灾，应根据起火的原因进行针对性灭火。

⑧ 保持水槽的清洁和通畅，切勿将固体物品投入水槽中。废纸和废屑应投入废纸箱内，废液应小心倒入指定的废液缸集中收集和处理，切勿随意倒入水槽中，以免腐蚀下水道及污染环境。

⑨ 强氧化剂（如 $HClO_4$、$KClO_3$ 等）及其混合物（氯酸钾与红磷、炭、硫等的混合物），不能研磨或撞击，否则易发生爆炸。

⑩ 银氨溶液放久后会变成氮化银而引起爆炸，因此用剩的银氨溶液，应及时处理。

⑪ 活泼金属钾、钠等不要与水接触或暴露在空气中，应保存在煤油中。

⑫ 白磷有剧毒，并能灼伤皮肤，切勿与人体接触。白磷在空气中易自燃，应保存在水中。

4. 化学实验安全与环境保护

可以说，实验室安全与环境保护从本质上讲是同一件事的两个方面。安全事故造成人身伤害，也造成更严重的泄漏和环境破坏；物资储藏不善和反应控制失误造成了污染，破坏了环境，往往也是发生安全事故的原因。所以，二者的防止也是一致的。而且不能等到伤害已经发生才想到怎么补救，珍爱生命、尊重他人、爱护环境、防患于未然是实验室安全的根本要求。

（1）树立高度的安全意识和良好的实验习惯

实验室中发生的安全事故有火灾、爆炸、泄漏、溢水等。其中，最常见的是火灾，后几种事故有时也是火灾的诱因。发生事故必然导致人身伤害、财产损失、丢失实验资料和中断教学活动。

必须清醒地认识到，没有安全的保障就不可能有真正意义上的探索。安全地探索是分析问题、解决问题的能力，是热爱真理、追求真理的科学素质不可分割的一部分。实际上，任何工作都存在危险因素，关键是怎样面对和处理，化学实验更是如此。

养成良好的实验习惯是安全的有效保障。安全事故总是发生在人们漫不经心时，因此一丝不苟、严肃认真的工作作风是实验习惯最基本的要求。实验室安全无小事，就是指实验室中所有行为都关系到安全。

（2）用科学规律设计、操作化学实验

实验是获取感性信息的手段，但并不意味着实验是感性行为。恰恰相反，实验是一个充满理性的智力活动。无论是实验前的准备，还是实验过程中的操作，都必须遵守科学规律，必须认真观察和分析每一个细节，才能采集到科学的素材，才能及时消除危险苗头保证安全。

（3）遵守实验操作和实验室安全规程

实验室仪器设备、药品、水电均有相应的使用和操作要求，这些要求是正确发挥实验室硬件功能、实现实验目的的保证，同时也是实验者人身安全的基本保证，必须严格遵照执行。另外，化学反应自身的规律是设计反应装置和控制实验过程必须遵守的自然法则。即使是针对未知物的实验，也必须通过深思熟虑，从已知因素分析中尽可能地准备好必需的应急措施。

实验室安全规程是人们在长期工作中的经验教训总结，它是规范实验室工作行为、保护自身和他人安全、养成良好实验习惯的准绳。

二、实验室意外事故处理

实验室中常发生的意外事故有烧（烫）伤、中毒、腐蚀、割伤、触电等几种。发生伤害应立即进行处置，若伤势较重，还应及时送医院救治。

1. 意外事故的预防

① 保护好眼睛，防止眼睛受刺激性气体的熏染，防止任何化学药品特别是强酸、强碱、玻璃屑等异物进入眼内。

② 禁止用手直接取用任何化学药品，使用有毒化学品时，除用药匙、量器外，必须佩戴橡胶手套，实验后马上清洗仪器用具，立即用肥皂洗手。

③ 尽量避免吸入任何药品和溶剂的蒸气。处理具有刺激性、恶臭和有毒的化学试剂时，如 H_2S、NO_2、Cl_2、Br_2、CO、SO_2、HCl、HF、浓硝酸、发烟硫酸、浓盐酸等，必须在通风橱内进行。不得用鼻子直接嗅气体，而是用手向鼻孔扇入少量气体。

④ 严禁在酸性介质中使用氰化物。

⑤ 氢气与空气的混合物遇火会爆炸，因此产生氢气的装置要远离明火。点燃氢气前，必须先检查氢气的纯度。进行产生大量氢气的实验时，应把废气通至室外，并注意室内的通风。

⑥ 有机溶剂（乙醇、乙醚、苯、丙酮等）易燃，使用时要远离明火。用后把瓶塞塞严，放在阴凉的地方，最好放入沙桶内。

⑦ 可溶性汞盐、铬的化合物、氰化物、砷盐、锑盐、镉盐和钡盐都有毒，不得进入口内或接触伤口，其废液也不能倒入下水道，应统一回收处理。汞易挥发，在人体内会累积可引起慢性中毒。对于溅落的汞应尽量用毛刷蘸水收集起来，撒落过汞的地方可以撒上多硫化钙、硫黄粉或漂白粉，或喷洒药品使汞生成不挥发的难溶盐，并要扫除干净。

2. 一般伤害的救护

（1）非化学伤害

① 割伤　可用消毒棉棒把伤口清理干净，若有玻璃碎片需小心挑出，轻伤可以涂紫药水等抗菌药物消炎并包扎。若流血不止，应对伤口洗净处理后用手指压住伤口止血。

② 烫伤　一旦烫伤，应立即将伤处用大量水冲洗，迅速降温避免深度烫伤。对轻微烫伤，可用浓高锰酸钾溶液润湿伤口至皮肤变为棕色，然后涂上烫伤药膏。

③ 触电　首先切断电源，必要时人工呼吸。

（2）化学伤害

化学试剂都有一定的毒性和腐蚀性，除非故意，通常少有经口中毒者。所以，药剂急性伤害一般为接触灼伤和呼吸吸入中毒。化学接触灼伤与一般的烧伤、烫伤不同，其特殊性在于：即使脱离了治伤源，如果不立即把污染在人体上的腐蚀物除去，这些物质仍会继续腐蚀皮肤和组织，直至被消耗完为止。化学物质与组织接触时间越长、浓度越高、处理不当、清洗不彻底，烧伤也越严重。因而，化学品伤害的处置越快治疗效果越好。

化学药品急性伤害的救护常识见本书附录一。

3. 化学实验室防毒常识

日常接触的化学药品，有的是剧毒物，使用时必须十分谨慎；有的试剂长期接触或接触过多，也会引起急性或慢性中毒，影响健康。只要掌握使用毒物的规则和防护措施，则可避免或把中毒机会减少到最低程度。

（1）毒性、致癌物介绍

化学实验室常见的有毒性、致癌性的药品见本书附录二。

（2）化学中毒的途径

① 由呼吸道侵入　有毒实验必须在通风橱内进行，并经常注意室内空气流通。

② 由皮肤黏膜侵入　眼睛的角膜对化学药品非常敏感，故进行实验时，必须戴防护眼镜；进行实验操作时，注意勿使试剂直接接触皮肤，皮肤有伤口时更须特别小心。

③ 由消化道侵入　为防止中毒，任何药品不得用口尝味，严禁在实验室进食，实验结束后必须洗手。

（3）化学中毒的急救

实验中若感觉咽喉灼痛，嘴角脱色或发绀，胃部痉挛或恶心呕吐，心悸头晕症状时，这可能是中毒所致。视中毒原因施以下列急救后，立即送医院治疗，不得延误。

① 固体或液体毒物中毒　有毒物质尚在嘴里的立即吐掉，用大量水漱口。误食碱者，先饮大量水再喝些牛奶。误食酸者先喝水，再服 $Mg(OH)_2$ 乳剂，最后饮些牛奶。不要用催吐药，也不要服用碳酸盐或碳酸氢盐。

重金属盐中毒者，可先喝一杯含有几克 $MgSO_4$ 的水溶液，立即就医。不要服催吐药，以免引起危险或使病情复杂化。砷和汞化物中毒者，必须紧急就医。

② 吸入气体或蒸气中毒者，立即转移至室外，解开衣领和钮扣，呼吸新鲜空气。对休克者应施以人工呼吸，但不要用口对口法。立即送医院急救。

4. 化学实验室消防常识

物质燃烧要具备三个条件：物质本身具有可燃性、氧气存在、达到或高于该物质的着火点。因此，控制可燃物的着火温度是防止燃烧的关键。

（1）火灾的预防

① 实验室应具备灭火消防器材、急救箱、个人防护器材。实验室工作人员应

熟知防火器材的位置和使用方法。

② 正确保管和使用可燃物。实验室不得存放大量的乙醚、石油醚、酒精等易燃液体，存放易燃液体的周围不得有明火。要合理保管和使用磷、硫化磷、硫黄、金属粉末（镁、铝）等易燃固体，使用时远离火源和氧化性物质。要正确保管和使用钾、钠、碳化钙、磷化钙、氢化铝锂等遇湿易燃物质。

③ 加热乙醚、石油醚、酒精、苯等沸点小于80℃的易挥发液体时，应当在蒸汽浴或水浴上加热，不能用明火或电炉直接加热，也不能在开口容器中加热。

④ 不在烘箱内存放、干燥、烘焙有机物。

⑤ 严禁用火焰检查可燃气体的泄漏，应当用肥皂水检查漏气情况。

⑥ 严禁在实验室吸烟。点燃的火柴梗使用后应立即熄灭，并及时放入废物杯中。动用明火或开启电炉时，应观察周围是否有人在使用有机溶剂。加热时，不得擅自离开岗位，若需离开时必须熄灭火源。

（2）灭火常识

实验室内万一着火，要根据起火的原因和火场周围的情况，采取不同的扑灭方法。起火后，不要慌张，一般应立即采取以下措施。

① 防止火势扩展，停止加热，停止通风，关闭电闸，移走一切可燃物。

② 一般的小火可用湿布、石棉布或沙土覆盖在着火的物体上。火势较大时要用各种灭火器灭火，灭火器要根据现场情况和起火原因正确选择。衣物着火时，切不可慌张乱跑，应立即用湿布或石棉布压灭火焰，如燃烧面积较大，可就地躺下滚动。

③ 电器设备着火时，先切断电源，再用四氯化碳灭火器灭火，也可用干粉灭火器、"1211"灭火器灭火。

注意以下几种情况不能用水灭火：

a. 金属钠、钾、镁、铝粉、电石、过氧化钠着火，应用干沙灭火。

b. 比水轻的易燃液体，如汽油、苯、丙酮等着火，可用泡沫灭火器。

c. 有灼烧的金属或熔融物的地方着火时，应用干沙或干粉灭火器。

d. 电器设备或带电系统着火，可用 CO_2 灭火器或 CCl_4 灭火器。

5. 化学实验室的防爆常识

（1）爆炸事故的原因

① 随便混合化学药品，氧化剂和还原剂的混合物在受摩擦或撞击时会发生爆炸。

② 在密闭体系中进行蒸馏、回流等加热操作。

③ 在加压或减压实验中使用不耐压的玻璃仪器，气体钢瓶减压阀失灵。

④ 反应过于剧烈失去控制。

⑤ 易燃易爆气体，如氢气、乙炔等气体、煤气和有机蒸气等大量逸入空气，

引起爆炸。

⑥ 一些本身容易爆炸的化合物，如硝酸盐类、硝酸酯类、三碘化氮、芳香族多硝基化合物、乙炔及其重金属盐、重氮盐、叠氮化合物、有机过氧化物（如过氧乙醚和过氧酸）等，受热或被敲击时会爆炸。强氧化剂与一些有机化合物接触，如乙醇和浓硝酸混合时会发生猛烈的爆炸反应。

⑦ 在使用和制备易燃、易爆气体时，如氢气、乙炔等，不在通风橱内进行，或在其附近点火。

（2）防爆措施

爆炸的毁坏力极大，必须严加防范。凡有爆炸危险的实验，教材中必有具体安全指导，应严格执行。同时遵守以下几点。

① 不得加热密闭容器。

② 接触会爆炸的药品需分开放。

③ 不能任意混合试剂，不能撞击有爆炸危险的药品。

④ 使用和制备易燃、易爆气体时，必须在通风橱中进行，并不得在附近点火。

任务二 洗涤与干燥常用仪器

一、知识目标

1. 了解化学实验室常用的仪器和器皿；
2. 了解化学实验室常用仪器和器皿的规格、用途和使用注意事项；
3. 掌握仪器洗涤的正确方法；
4. 掌握仪器干燥的正确方法。

二、能力目标

1. 能正确识别、选用化学实验室常用的仪器和器皿；
2. 能正确洗涤仪器和器皿；
3. 能正确对仪器进行干燥。

三、任务准备

1. 玻璃器皿

试管、烧杯、量筒、表面皿、试剂瓶、容量瓶、滴瓶、漏斗、分液漏斗、抽滤瓶、玻璃棒等。

2. 瓷质器皿

蒸发皿、布氏漏斗、点滴板等。

3. 其他器皿

洗瓶、石棉网、试管夹、药匙、试管架、漏斗架、毛刷、铁架台、铁夹、铁圈等。

4. 洗涤剂

去污粉、肥皂、盐酸、乙醇等。

5. 干燥设备

电热恒温干燥箱、电吹风机等。

四、任务实施

1. 学生认识仪器，通过实训示范演示等让学生认知、洗涤、干燥常见仪器。

2. 教师准备一些图片或者演示等让学生判断洗涤、干燥仪器有哪些错误操作及其可能带来的危险性。

3. 学生实践：在教师的指导下洗涤、干燥常见的仪器。

4. 撰写并提交任务实施的总结报告。

 【相关知识】

一、常用仪器及使用方法介绍

1. 能直接加热的仪器

仪器图形与名称	主要用途	使用方法及注意事项
试管	少量物质间的反应容器,组装简易气体发生装置,收集少量气体	可直接加热。加热试管中的液体时,液体量不得超过试管容积的1/3。加热固体时,试管口朝下加热。加热时试管口不能对着人
蒸发皿	用于蒸发或浓缩溶液	可以直接加热,但不能骤冷,蒸发时液体不可加太满。液体应低于边缘1cm

续表

仪器图形与名称	主要用途	使用方法及注意事项
坩埚、坩埚钳	用于灼烧固体,使其反应(分解)	可直接加热至高温,灼烧时放在泥三角上,应用坩埚钳夹取,同时注意避免骤冷
燃烧匙	燃烧少量固体物质	可直接加热,遇能与铜、铁等反应的物质时要在匙内铺细沙

2. 能间接加热的常见仪器（垫石棉网）

仪器图形和名称	主要用途	使用方法及注意事项
烧杯(有 50mL、100mL、250mL、500mL、1000mL 等规格)	主要用于液体之间的反应,溶解固体,配制溶液组装过滤器	根据液体量选择不同规格的烧杯,可以加热,但需要垫石棉网
圆底烧瓶	主要用于加热条件下的反应容器	液体量不能超过体积的 1/2,可加热,但需垫石棉网
蒸馏烧瓶	用于蒸馏和分馏,也可以用于气体发生器	可加热,但需垫石棉网,也可以用其他热浴加热
锥形瓶	用作接收器、反应容器,常用于滴定反应	加热需垫石棉网,在滴定反应中液体不容易溅出

3. 计量仪器

仪器图形和名称	主要用途	使用方法及注意事项
量筒	用于量取一定体积的溶液	不能加热，不能作为反应容器
容量瓶	用于配制一定体积的溶液	不能加热，不能作为反应容器
托盘天平	用于称取一定质量的物质	使用前应先调好零点，使指针指在标尺中间，两边托盘放大小相同的纸，若称取有腐蚀性的药品时，应放在玻璃容器中称量，左盘放称量物，右盘放砝码
碱式 酸式 滴定管	用于滴定反应	酸式滴定管不能装碱性溶液，碱式滴定管不可装酸性溶液，刻度精确到 0.001mL。"零"刻度在上方
温度计	用于测量温度	待测物质温度不可超过其最大量程，不可当玻璃棒搅拌物质，测量温度时注意水银球的位置

4. 过滤仪器

仪器图形和名称	主要用途	使用方法及注意事项
漏斗	用于过滤或向小口容器中加入液体	滤纸使用注意"一贴、二低、三靠"
长颈漏斗	用于装配反应器,便于加入反应液	应将长管末端插入液面以下,防止气体逸出
分液漏斗	分离密度不同的液体	分液时下层液体从下口放出,上层液体从上口倒出,不宜盛装碱性液体
抽滤瓶　布氏漏斗	无机反应时制备晶体或沉淀的减压过滤中两者配套使用。利用水泵或真空泵降低吸滤瓶中压力以加速过滤	注意抽滤时防止倒吸,不能用火直接加热

5. 其他常见仪器

仪器图形和名称	主要用途	使用方法及注意事项
球形干燥管	内装固体干燥剂或吸收剂用于干燥或吸收气体	要注意防止干燥剂液化和是否失效,气流方向大口进小口出
干燥器	用于存放干燥的物质	热的物质应冷却之后再放入

仪器图形和名称	主要用途	使用方法及注意事项
酒精灯	作为热源,火焰温度为 500~600℃	酒精量不能超过 2/3,不能少于 1/4。加热时用外焰。熄灭时用灯帽盖灭
酒精喷灯	作为热源,火焰温度为 1000℃左右	需要强热时用此
滴瓶　广口瓶	滴瓶用于存放液体。广口瓶用于放固体用	不能直接加热,瓶塞或滴管互换。滴管不能倒置,滴加时尖嘴不能伸入容器内部(个别例外),应在接收容器上口边缘 0.5cm 处垂直滴加
铁圈、铁夹、铁架台	用于固定或放置反应容器,铁圈还可以代替漏斗架放置漏斗	防止受潮生锈
铁夹	用于固定或放置反应容器	防止受潮生锈
试管夹	加热时夹试管用	防止烧损或生锈,使用时手执长柄

续表

仪器图形和名称	主要用途	使用方法及注意事项
三角架	用于放置较重或较大的受热容器	防止受潮生锈
试管架	放试管用	洗净的试管应倒插在木桩上
石棉网	加热时，垫上能使受热物质受热均匀，而不致造成局部过热	不能与水接触，以免石棉脱落或铁丝网锈蚀
水浴锅	用于间接加热，也可以用于粗略控制实验温度	
洗瓶	内装去离子水或蒸馏水，可淋洗仪器内壁	使用时，瓶嘴勿接触到被淋洗仪器的器壁
试管刷	洗刷玻璃仪器	使用时注意刷子顶端的铁丝撞破玻璃仪器

二、仪器的洗涤

玻璃仪器是化学实验中使用最多的仪器，包括物质盛放器和量器、反应发生器和连接器、分离器和搅拌器。由于化学实验是通过观察现象来了解物质化学变化规律的，玻璃仪器的不洁带入的痕量杂质而产生的异常现象必然导致错误的结论，所以实验前必须将玻璃仪器清洗干净。某些实验需要使用干燥的仪器，因此有时要对玻璃仪器进行干燥处理。

附着在仪器上的污物一般来说既有可溶性物质，也有尘土和其他不溶性物质，还有有机物质和油污等。因此，根据仪器上所沾附的污物的性质和沾污的程度通常有冲洗法、刷洗法和药剂洗涤法三种洗涤方法。

1. 冲洗法

对于可溶性污物和灰尘，可直接用水冲洗，这主要是利用水把可溶性污物溶解而除去。为了加速溶解，振荡是必需的。其操作方法是：先往仪器中注入少量水（不超过容器的 1/3），稍用力振荡［如图 1-1(a)］后把水倾出。如此反复冲洗数次直至洗净。

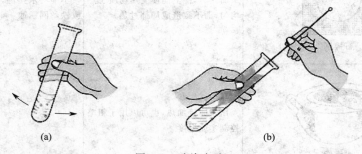

(a)　　　　　　　　　　(b)

图 1-1　洗涤方法

2. 刷洗法

仪器内壁附有不易用水冲洗的污物时，可用毛刷刷洗，利用毛刷对器壁的摩擦作用使污物去掉。

根据仪器的形状、大小，选择不同形状和大小的毛刷。如洗涤试管可根据试管的大小选择不同的试管刷，洗涤烧瓶可根据烧瓶的大小选择不同的烧瓶刷。洗涤试管和烧瓶时，端头无直立竖毛的秃头毛刷不可使用。洗涤方法如图 1-1(b) 所示。刷洗后，再用水连续冲洗、振荡几次即可。

对于不溶性的用水也刷洗不掉的污物，就要考虑用洗涤剂来洗涤。最常用的是用毛刷蘸取肥皂液、洗涤剂或去污粉来刷洗，主要是除去油污或一些有机污物。洗涤方法与上面的洗涤方法相同。

3. 药剂洗涤法

对于用上述方法都无法洗净的仪器或无法使用毛刷的仪器，如移液管、滴定管等，就要考虑用化学试剂来洗涤了。

（1）铬酸洗液

铬酸洗液是饱和 $K_2Cr_2O_7$ 和浓硫酸的混合物，具有强酸性、强氧化性，对具有还原性的污物的去污能力较强。对形状特殊或容积精确的容量仪器，以及对仪器的清洁程度要求高时，不宜用毛刷刷洗，常用铬酸洗液浸泡洗涤。

使用时要注意安全，不要溅在皮肤、衣物上。洗涤完毕后，用过的洗液要回收在指定容器中。洗液可以重复使用，当洗液的颜色变为绿色时即失效。

（2）浓盐酸

可以洗去附着在器壁上的氧化剂，如二氧化锰。大多数不溶于水的无机物都可以用它洗去，如灼烧过沉淀物的瓷坩埚，可先用热盐酸（1∶1）洗涤，再用洗液洗涤。

（3）NaOH-$KMnO_4$洗液

能除去油污和有机物。洗后在器壁上留下的二氧化锰沉淀可再用盐酸或草酸洗液洗去。

（4）有机溶剂

乙醇、乙醚、丙酮、汽油、石油醚等有机溶剂可用于洗涤各种油污。但是有机溶剂易着火，有些具有毒性，使用时要注意安全。

应当指出，上面的洗液大多数都具有很强的腐蚀性，在使用时要特别小心。防止溅在皮肤、衣服或实验台上，如果不慎溅洒，必须立即用水冲洗。铬酸洗液清洗时的第一、第二遍的洗涤水不能直接倒入下水道，即使已失效也仍然有毒，应纳入实验室废水进行处理。

三、仪器的干燥

干燥仪器的方法通常有四种。

1. 晾干

对不急于使用的仪器，洗净后将仪器倒置在格栅板上或实验室的干燥架上，让其自然干燥。

2. 烤干

通过加热使仪器中的水分迅速蒸发而干燥的方法。加热前先将仪器外壁擦干，然后用小火烘烤。烧杯等放在石棉网上加热，试管用试管夹夹住，在火焰上来回移动，试管口略向下倾斜，直至除去水珠后再将管口向上赶尽水汽。

3. 热（冷）风吹干

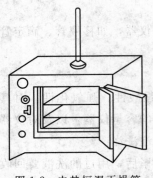

图1-2 电热恒温干燥箱

对于急于干燥的仪器或不适于放入烘箱的较大的仪器可用吹干的办法。通常用少量乙醇、丙酮（或最后再用乙醚）倒入已控去水分的仪器中摇洗，然后用电吹风机吹或气流烘干器吹干玻璃仪器，开始用冷风吹 1～2min，当大部分溶剂挥发后吹入热风至完全干燥，再用冷风吹去残余蒸汽，不使其又冷凝在容器内。

4. 烘干

将洗净的仪器控去水分，放在电热恒温干燥箱（见图1-2）的搁板上，温度控制在 105～110℃左右烘干。

【注意】 带有精密刻度的计量容器不能用加热方法干燥，否则会影响仪器的精度，其可采用晾干或冷风吹干的方法干燥。

 **任务三 取用与加热固体药品和液体试剂**

一、知识目标

1. 掌握固体药品和液体试剂的取用方法；
2. 掌握固体药品和液体试剂的加热方法。

二、能力目标

1. 能正确取用固体药品和液体试剂；
2. 能正确加热固体药品和液体试剂。

三、任务准备

1. 试剂

五水硫酸铜、碳酸氢钠、锌粒、0.01mol/L NaCl 溶液。

2. 仪器

试管、烧杯、镊子、药匙、纸槽、量筒、毛刷。

四、任务实施

1. 选择合适的量筒，分别量取 3mL 和 15mL 的 0.01mol/L NaCl 溶液，并分别将其倒入试管和 100mL 的小烧杯中。

2. 选择合适的方法，对上一步所取的溶液进行加热。

3. 分别将锌粒和五水硫酸铜取入两支试管中。

4. 对装有五水硫酸铜的试管进行加热，直至蓝色晶体变成白色。

5. 撰写并提交任务实施的总结报告。

 【相关知识】

一、药品和试剂的取用

首先看清标签再打开瓶塞，瓶塞应倒放在实验台上。如瓶塞非平顶，则用中指和食指将它夹住或放在清洁的表面皿上，绝不能将瓶塞横放在实验台上，以免沾污。取完试剂后应立即将瓶盖紧并放回原处，严禁弄错瓶塞。

1. 固体药品的取用

① 左手持瓶稍倾斜，右手持洁净、干燥的药勺伸入瓶内，从瓶口往内观察，调节所取药量。如果试剂用量很少，可用药勺另一端的小勺。用过的药勺必须洗净、擦干后再取另一种试剂，或者专勺专用。

② 注意按指定量取药品，多取的不能倒回原处，只能放在另一指定的容器中备用。

③ 需要称量时，可将药品放在洁净的干纸上（勿用滤纸）或表面皿上。药品用量较大或易吸湿的可用烧杯等盛装。

④ 将固体试剂加入试管中时，所用试管必须干燥。将盛试剂的药勺或对折的纸条平行地伸进试管约 2/3 处（见图 1-3），再将试管慢慢竖直，将药品倾入管底。

(a) 用钥匙送入固体试剂　　　　　　　　　　　(b) 用纸槽送入固体试剂

图 1-3　固体试剂加入试管

如用小勺取用少量药品时，试管可以垂直，小勺在管口上水平。旋转将药品倒入［见图 1-4(a)］。加入块状固体（如锌粒），应将试管倾斜，让其沿管壁慢慢滑入［见图 1-4(b)］。

2. 液体试剂的取用

（1）从细口瓶中取试剂

右手持试剂瓶，手心朝向贴有标签的一侧，将瓶口紧靠试管、烧杯或量筒的边

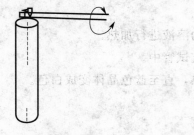

(a) 用小勺加少量固体

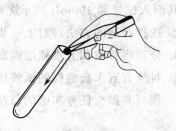

(b) 块状固体沿管壁慢慢滑下

图 1-4　少量固体和块状固体的加入

缘。缓慢倾斜瓶子，让试剂沿壁徐徐流入［如图 1-5(a)、图 1-5(b)］。倾出所需要量的试剂后，逐渐竖起瓶子，稍加停留后再离开盛器，使遗留在瓶口的试剂全部流回，以免弄脏试剂瓶的外壁。

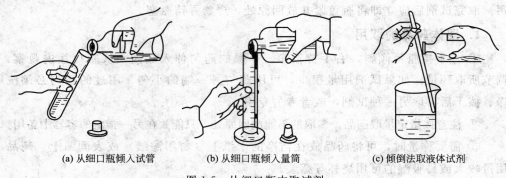

(a) 从细口瓶倾入试管　　　(b) 从细口瓶倾入量筒　　　(c) 倾倒法取液体试剂

图 1-5　从细口瓶中取试剂

用烧杯等大口容器盛取溶液时，可用一根洁净的玻璃棒紧靠瓶口，让溶液沿着它徐徐流入杯内［图 1-5(c)］。玻璃棒随着液面上升逐渐往上提。倒出需要量的溶液后，慢慢竖起瓶子，稍加停留，再拿开玻璃棒，并随即洗净。

（2）从滴瓶中取试剂

用中指和无名指夹住滴管颈部，拇指和食指虚按橡胶乳头，提起滴管。如果滴管中已存有溶液，即可滴用。如无溶液，则轻压橡胶乳头赶出空气后，随即伸入溶液，放松手指吸入溶液，切勿在滴瓶内驱气鼓泡，以免溶液变质［图 1-6(a)］。滴管取出后切不可横置或倒置，以免溶液流入橡胶乳头而腐蚀橡胶和沾污溶液。

用滴管将试剂加入试管中时，不要将滴管伸入管内，否则容易碰到管壁而沾污。通常在管口上方约 0.5cm 处将试剂滴入［图 1-6(b)］。在试管反应中，加入的溶液不要超过试管总容量的 1/2。

取完试剂后，滴管应立即插回原瓶，切忌"张冠李戴"，也不可用自己的滴管去取公用试剂。应学会估计液体的量。例如，1mL 相当于多少滴？3mL、5mL 占试管容量的几分之几等。当某些实验无需准确量取试剂时，则可通过估计量取，从而简化操作。

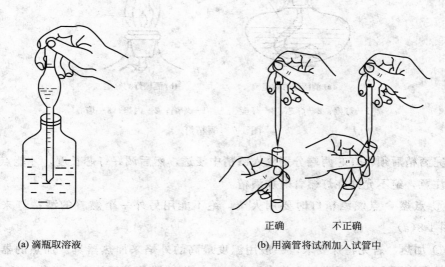

(a) 滴瓶取溶液

正确　　　不正确

(b) 用滴管将试剂加入试管中

图 1-6　从滴瓶中取试剂

二、加热与冷却

化学实验中对物质进行加热、冷却和干燥时，必须根据物质的性质、实验目的、仪器的性能等正确选择加热、干燥和冷却方法。

1. 加热

（1）常用的热源——酒精灯

① 酒精灯的构造　酒精灯由灯帽、灯芯和盛酒精的灯壶三部分组成［见图 1-7(a)］。正常的酒精灯火焰可分为焰心、内焰和外焰三部分［见图 1-7(b)］。外焰的温度最高，内焰次之，焰心温度最低，其加热温度一般在 400～500℃。若要使火焰平稳，并适当提高火焰温度，可加金属网罩。

② 灯芯的配置　灯芯不要太短，一般应使灯芯浸入酒精后还长出 4～5cm。对于长时间未用的酒精灯，应先取下灯帽，提起灯芯套管用嘴轻轻向灯内吹一下，以赶走其中聚集的酒精蒸气；再检查灯芯，若不齐或烧焦都要用剪刀修整。

③ 添加酒精　灯壶内酒精少于容积的 1/3 时应添加酒精。酒精不能加得太满，以不超过灯壶容积的 2/3 为宜。添加酒精时一定要借助小漏斗，以免酒精洒出。新

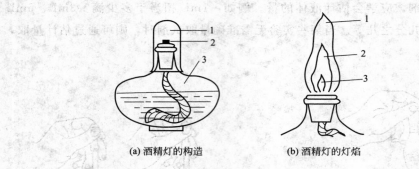

(a) 酒精灯的构造　　　　　(b) 酒精灯的灯焰

1—灯帽；2—灯芯；3—灯壶　　1—外焰；2—内焰；3—焰心

图 1-7　酒精灯

灯加完酒精后须将灯芯两端分别放入酒精中浸透，然后调好灯芯长度，才能点燃使用。注意，绝不允许在灯燃着时加酒精。

④ 点燃　点燃酒精灯时要用火柴，绝不能用另外一个燃着的酒精灯来点火 [见图 1-8(a)]。

⑤ 加热　若无特殊要求，一般用温度最高的外焰来加热器具。加热的器具与灯焰的距离要合适，通常用木垫来调节。被加热的器具必须放在支撑物（铁环等）上或用坩埚钳、试管夹等夹持，绝不允许手拿仪器加热 [见图 1-8(b)]。

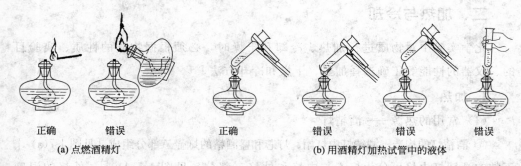

正确　　　　错误　　　　　　正确　　　　错误　　　　错误　　　　错误

(a) 点燃酒精灯　　　　　　　(b) 用酒精灯加热试管中的液体

图 1-8　酒精灯的使用

⑥ 熄灭　欲熄灭酒精灯，可用灯帽将其盖灭，盖灭后需打开灯帽再重盖一次以让空气进入，避免冷却后盖内形成负压使盖打不开。绝不允许用嘴吹灭酒精灯。不用酒精灯须将灯帽盖上，以免酒精挥发。

【注意】　酒精易挥发，易燃，使用酒精灯时必须注意安全。万一洒出的酒精在灯外燃烧，不要慌张，可用湿抹布扑灭。

（2）酒精喷灯

酒精喷灯有座式和挂式两种（见图 1-9），加热温度为 800～1000℃。使用座式酒精喷灯时，首先用探针疏通酒精蒸气出口，再用漏斗向酒精壶内加入工业酒精，酒精量不能超过容积的 2/3，然后在预热盘中注入少量酒精，点燃，以加热灯管。为使灯管充分预热，可重复进行多次。待灯管充分预热后，在灯管口上方点燃酒精蒸气，旋转空气调节器调节空气孔的大小，即可得到理想的火焰。停止使用时，用石棉网盖灭火焰，也可旋转调节器熄灭。

使用时，必须使灯管充分预热，否则酒精不能完全汽化，会有液体酒精从灯管口喷出形成"火雨"，容易引起火灾。座式酒精喷灯连续使用时不能超过 0.5h，如需较长时间使用，到 0.5h 时应暂先熄灭喷灯，冷却，添加酒精后再继续使用。

挂式酒精喷灯的使用与座式相似。使用时，酒精贮罐需挂在距喷灯 1.5m 左右的上方。使用完毕，必须先将酒精贮罐的下口关闭，再关闭喷灯。

(a) 座式　　　　　　　　　　　　　　　　　(b) 挂式

图 1-9　酒精喷灯的类型和构造

1—灯管；2—空气调节器；3—预热盘；4—铜帽；5—酒精壶；6—酒精贮罐；7—盖子

（3）煤气灯

煤气灯的灯焰分为氧化焰、还原焰和焰心三部分。

使用时，旋转金属灯管，关闭空气入口，擦燃火柴，再打开煤气开关，将煤气点燃。旋转金属灯管，调节空气进入量，拧动螺旋形针阀，关闭煤气灯开关，火焰即被熄灭。若空气和煤气的进入量调节得不适当，会产生不正常的火焰——凌空火焰和侵入火焰。当遇到这两种情况时，应关闭煤气的开关，重新点燃和调节。

一般煤气中都含有 CO 等有毒成分，使用过程中要注意安全，防止漏气引起火灾或中毒。

（4）常用电热源

根据需要，实验室还常用电炉、马弗炉、管式炉、电加热套等电器进行加热。管式炉的最高使用温度为 900℃ 左右，马弗炉为 900℃（镍铬丝）和 1300℃（铂丝），电炉为 900℃ 左右，电加热套为 450～500℃。使用这些电热源时，一般可以通过调节电阻来控制所需温度。

（5）加热方式

加热方式的选择，取决于试剂的性质和盛放该试剂的器皿，以及试剂用量和所需的加热程度。热稳定性好的液体或溶液、固体可直接加热，受热易分解及需严格控制加热温度的液体只能在热浴上间接加热。

实验室中，试管、烧杯、蒸发皿、坩埚等常作为加热的容器，它们可以承受一定的温度，但不能骤热和骤冷。因此，加热前应将器皿外壁擦干，加热后不能突然与水或潮湿物接触。

① 直接加热

a. 直接加热液体　适用于在较高温度下不分解的溶液或纯液体。少量的液体可装在试管中加热［见图 1-10(a)］，用试管夹夹住试管的中上部（不用手拿，以免烫伤），试管口向上，微微倾斜，管口不能对着自己和其他人的脸部，以免溶液沸腾时溅到脸上。管内所装液体的量不能超过试管高度的 1/3。加热时，先加热液体的中上部，再慢慢往下移动，然后不时地上下移动，使溶液受热均匀。不能集中加热某一部分，否则会引起暴沸。如需要加热的液体较多，则可放在烧杯或其他器皿中。待溶液沸腾后，再把火焰调小，保持微沸以免溅出。如需把溶液浓缩，则把溶液放入蒸发皿（放在泥三角上）内加热，待溶液沸腾后改用小火慢慢蒸发、浓缩。

b. 直接加热固体　少量固体药品可装在试管中加热［见图 1-10(b)］，加热方法与直接加热液体的方法稍有不同，此时试管口向下倾斜，使冷凝在管口的水珠不倒流到试管的灼烧处，而导致试管炸裂。较多固体的加热，应在蒸发皿中进行。先用小火预热，再慢慢加大火焰，但火也不能太大，以免溅出，造成损失。要充分搅拌，使固体受热均匀。需高温灼烧时，则把固体放在坩埚中，用小火预热后慢慢加大火焰，直至坩埚红热，维持一段时间后停止加热。稍冷，用预热过的坩埚钳将坩埚夹持到干燥器中冷却。

② 间接加热

a. 水浴加热　当被加热物质要求受热均匀，而温度又不能超过 373K 时，采用水浴加热［见图 1-10(c)］。若把水浴锅中的水煮沸，用水蒸气来加热，即成蒸汽浴。水浴锅上放置一组铜质或铝质的大小不等的同心圆，以承受各种器皿。根据器皿的大小选用铜圈，尽可能使器皿底部的受热面积最大。水浴锅内盛放水量不超过其总容量的 2/3，在加热过程中要随时补充水以保持原体积，切记不能烧干。不能把烧杯直接放在水浴中加热，这样烧杯底会碰到高温的锅底，由于受热不均匀而使烧杯破裂，同时烧杯也容易翻掉。

试管中的溶液只宜在微沸水浴上加热，因直接加热易将少量的溶液溅出，或因烘干而使沉淀损失或变质，同时试管也易破裂。在蒸发皿中蒸发、浓缩时，也可以在水浴上进行，这样比较安全。

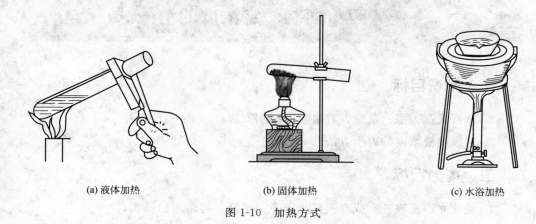

(a) 液体加热　　　　　(b) 固体加热　　　　　(c) 水浴加热

图 1-10　加热方式

b. 沙浴和油浴加热　被加热物质要求受热均匀，而温度又要求高于 373K 时，可用沙浴或油浴。

2. 物质的干燥

物质的干燥方法分为物理方法和化学方法。物理方法有加热、冷冻、真空干燥、分馏、共沸蒸馏、吸附等。化学方法是用干燥剂脱水。化学实验室常用的干燥剂见本书附录三。

3. 冷却方法

（1）自然冷却

将热的液体在空气中放置一段时间，使其自然冷却至室温。

（2）冷风冷却和流水冷却

需冷却到室温的溶液，可用此法。将需冷却的物品直接用流动的自来水冷却或鼓风机吹风冷却。冷却时不能将自来水溅入容器内。

（3）冰水冷却

将需冷却的物品直接放在冰水中。

（4）冰盐浴冷却

冰盐浴由容器和冷却剂（冰盐或水盐混合物）组成，可冷却至 273K 以下。所能达到的温度由冰盐的比例和盐的品种决定。

（5）回流冷却

许多有机化学反应需要使反应物在较长时间内保持沸腾才能完成。为了防止反应物以蒸气逸出，常用回流冷凝装置，使蒸气不断地在冷凝管中冷凝成液体，返回反应器中。

任务四　配制一定浓度的溶液

一、知识目标

1. 掌握托盘天平、量筒、容量瓶的使用方法；
2. 掌握溶液浓度的表示方法。

二、能力目标

1. 能独立、正确地完成有关托盘天平、量筒、容量瓶的操作；
2. 能正确配制一定物质的量浓度的溶液。

三、任务准备

1. 试剂

高锰酸钾、氯化钠等。

2. 仪器

托盘天平、烧杯、玻璃棒、量筒、容量瓶、洗瓶等。

四、任务实施

1. 分别选择合适的量筒量取 8.0mL、14.5mL、21.8mL 的去离子水。
2. 配制 100mL0.1mol/LNaCl 溶液。
3. 配制 100mL 20g/L 的硫酸铜溶液。
4. 配制 100mL 1∶1 盐酸。
5. 配制 100mL（1＋3）磷酸。
6. 撰写并提交任务实施的总结报告。

 【相关知识】

一、溶液浓度的表示方法

1. 溶质 B 的物质的量浓度 c_B

溶质 B 的物质的量 n_B 除以溶液的体积 V 称为 B 的物质的量浓度，简称 B 的浓度。用 c_B 表示，单位是 mol/L 。

$$c_B = \frac{n_B}{V} \qquad (1-1)$$

【注意】 表示 B 的物质的量浓度时，也要指明基本单元 B。常见表示方法有两种。例如：1L 溶液中含有 $0.01 mol H_2 SO_4$ 时，$H_2 SO_4$ 的浓度可表示为 $c(H_2 SO_4) = 0.01 mol/L$ 或者 $0.01 mol/L \ H_2 SO_4$ 溶液。

2. 溶质 B 的质量分数 w_B

溶质 B 的质量 m_B 与溶液的质量 m 之比称为 B 的质量分数。

$$w_B = \frac{m_B}{m} \qquad (1-2)$$

用质量分数表示检测结果时，有三种表示形式。如铜矿中 CuO 的检测结果表示为 $w(CuO) = 0.225$ 或 $w(CuO) = 2.25 \times 10^{-1}$ 或 $w(CuO) = 22.5\%$。

对于微量或痕量组分的表示，习惯上用 ppm、ppb、ppt 作为"单位"来表示，事实上它们不是单位。ppm 表示百万分之一、ppb 表示十亿分之一、ppt 表示万亿分之一，分别为 10^{-6}、10^{-9}、10^{-12}，改为后者不仅更为科学，而且符合法定计量单位。如：$w(Au) = 2.45 \times 10^{-9}$ 代替了过去的 2.45ppb。

3. 溶质 B 的质量浓度 ρ_B

溶质 B 的质量 m_B 除以溶液的体积 V 称为 B 的质量浓度，常用单位是 g/L。

$$\rho_B = \frac{m_B}{V} \qquad (1-3)$$

质量浓度在临床生物化学检测及环境监测中应用较多，如：生理盐水为 9g/L；我国污水最高允许排放浓度总汞为 0.05mg/L、总砷为 0.5mg/L、总铅为 1.0mg/L。

4. 溶质 B 的体积分数 φ_B

溶质 B 的体积 V_B 与溶液体积 V 之比称为 B 的体积分数 φ_B。

$$\varphi_B = \frac{V_B}{V} \qquad (1-4)$$

这种表示方法常用于溶质为气体或液体的溶液成分。如空气中气体的体积分数表示为 $\varphi(N_2) = 78\%$、$\varphi(O_2) = 21\%$。

5. 溶质 B 的摩尔分数 x_B

溶质 B 物质的量 n_B 与溶液的物质的量 n 之比称为溶质 B 的摩尔分数 x_B。

$$x_B = \frac{n_B}{n} \qquad (1-5)$$

【注意】 根据国家标准，除 c_B、ρ_B 外，w_B、φ_B、x_B 都称为"某某分数"。

二、有关物质的量浓度的计算

1. 已知溶质的质量或体积，求其物质的量浓度

【例 1-1】 将 4g 氢氧化钠溶于水中，配成 0.5L 的溶液。该溶液的物质的量浓度是多少？

解 根据质量与物质的量的关系可知，氢氧化钠的物质的量为：

$$n=\frac{m}{M}=\frac{4g}{40g/mol}=0.1mol$$

根据式(1-1)，溶液的物质的量浓度为：

$$c=\frac{n}{V}=\frac{0.1mol}{0.5L}=0.2mol/L$$

【例 1-2】 标准状况下将 336L NH_3 溶于水得到 1L 氨水，求其物质的量浓度？

解 根据体积与物质的量的关系可知，NH_3 的物质的量为：

$$n=\frac{336L}{22.4mol/L}=15mol$$

所以氨水的浓度为 15mol/L。

2. 已知溶液的物质的量浓度，求一定体积溶液中溶质的质量。

【例 1-3】 配制 100mL0.1mol/LCuSO₄溶液，需要胆矾（$CuSO_4 \cdot 5H_2O$）多少克？

解 根据式(1-1)，溶液中 $CuSO_4$ 的物质的量为：

$$n=cV=0.1mol/L\times0.1L=0.01mol$$

$CuSO_4$ 与 $CuSO_4 \cdot 5H_2O$ 的物质的量相等，$M(CuSO_4 \cdot 5H_2O)=250g/mol$，需要 $CuSO_4 \cdot 5H_2O$ 的质量为：

$$m=nM=0.01mol\times250g/mol=2.5g$$

3. 有关溶液组成表示法之间的换算

同一溶液的组成可用多种表示法表示，它们之间存在一定的关系。一定量的同一溶液，无论怎样表示其组成，所含溶质的质量（或物质的量）是不变的。

【例 1-4】 现有质量分数为 37%、密度为 1.19g/mL 的盐酸。求盐酸的物质的量浓度。

解 设该溶液的物质的量浓度为 c(mol/L)。

用质量分数或物质的量浓度两种方法表示该溶液的组成时，同体积盐酸中所含 HCl 的质量相等。设体积为 V(L)。

$$1000 \times V \times 1.19\text{g/mL} \times 37\% = c \times V \times 36.5 \text{ g/mol}$$

则

$$c = \frac{1000 \times V \times 1.19\text{g/mL} \times 37\%}{V \times 36.5\text{g/mol}} = 12.06\text{mol/L}$$

将上述计算过程中的各物理量用符号表示，则可以得出以密度为桥梁的联系质量分数和物质的量浓度的换算式：

$$c = \frac{1000\rho w}{M} \tag{1-6}$$

式中　ρ——溶液的密度，g/mL；

　　　w——溶质的质量分数；

　　　M——溶质的摩尔质量，g/mol；

　　　c——溶质的物质的量浓度，mol/L；

　1000——进率，1L＝1000mL。

4. 溶液稀释的计算

溶液经过稀释，只增加溶剂的量而没有改变溶质的量，即稀释前后溶液中所含溶质的物质的量（或质量）不变。

$$n_1 = n_2$$

$$c_1 V_1 = c_2 V_2 \tag{1-7}$$

式中　n_1，n_2——稀释前后溶质的物质的量，mol；

　　　c_1，c_2——稀释前后溶质的物质的量浓度，mol/L；

　　　V_1，V_2——稀释前后溶液的体积，L。

【例 1-5】　配制 3L、3 mol/L H_2SO_4 溶液，需要 18mol/L 浓硫酸多少毫升？

解　由式(1-7) 得：

$$V_1 = \frac{c_2 V_2}{c_1} = \frac{3\text{mol/L} \times 3\text{L}}{18\text{mol/L}} = 0.5\text{L} = 500\text{mL}$$

【例 1-6】　配制 1∶1 盐酸 100mL，量取多少浓盐酸？需要多少水？

解　1∶1 是体积比浓度，是指 1 体积的浓盐酸与 1 体积的水混合而配制成的溶液。故需要的浓盐酸为 50mL，水也为 50mL。

【例 1-7】　配制 (1＋3) 磷酸，怎样计算？怎样配制？

解　(1＋3) 磷酸是体积比，即 3 体积的水＋1 体积的浓磷酸。

市售磷酸纯度为 85%，配制 (1＋3) 的磷酸溶液：先量取 3 体积水，再量取 1 体积磷酸，将其缓缓加入水中，搅拌均匀即可。

三、溶液配制

配制溶液时，先根据需要称取一定量的试样，然后溶解。若固体试样易溶解，且溶解时没有很大的热效应，则可用漏斗将试样直接倒入容量瓶中溶解。一般将称好的固体试样溶解在烧杯中，冷至室温后定量地转移到容量瓶中。转移时，要顺着玻璃棒加入。玻璃棒的顶端靠近瓶颈内壁，使溶液顺壁流下，待溶液全部流完后，将烧杯轻轻向上提，同时直立，使附着在玻璃棒和烧杯嘴之间的 1 滴溶液收回到烧杯中。

用洗瓶洗涤玻璃棒、烧杯壁 3 次，每次的洗涤液都转移到容量瓶中，再加纯水到容量瓶容积的 2/3。右手拇指在前，中指、食指在后，拿住瓶颈标线以上处，直立旋摇容量瓶，使溶液初步混合（此时切勿加塞倒立容量瓶）。然后慢慢加水至靠近标线 1cm 左右，等 1～2min，使沾附在瓶颈上的水流下，用滴管伸入瓶颈，但稍向旁侧倾斜，使水顺壁流下，直到弯月面最低点和标线相切为止。塞好瓶塞，左手大拇指在前，中指及无名指、小指在后，拿住瓶颈标线以上部分，而以食指压住瓶塞上部，用右手指尖顶住瓶底边缘。如容量瓶小于 100mL，则不必用手顶住，将容量瓶倒转，使气泡上升到顶，此时将瓶振荡，再倒转仍使气泡上升到顶，如此反复倒转 14 次左右即可。

任务五 精制粗食盐

一、知识目标

1. 掌握用化学方法提纯 NaCl 的原理和方法；
2. 学习物质的溶解、过滤、蒸发、结晶技术；
3. 掌握检验 NaCl 纯度的方法；
4. 掌握沉淀溶解平衡的应用。

二、能力目标

1. 能独立完成溶解、过滤、蒸发、结晶等操作；
2. 培养对问题的探究和概括能力。

三、任务准备

1. 试剂

Na_2CO_3(1mol/L)，NaOH(1mol/L，2mol/L)，HCl 溶液（2mol/L），$BaCl_2$

（1mol/L），$(NH_4)_2C_2O_4$（0.5mol/L），粗食盐，镁试剂。

2. 仪器

电子天平、烧杯、量筒、普通漏斗、抽滤瓶、布氏漏斗、石棉网、酒精灯、蒸发皿、循环水真空泵、定性滤纸、广泛 pH 试纸。

四、任务实施

1. 粗食盐的提纯

① 在电子天平上称取 5.0g 的粗食盐，放入 100mL 的小烧杯中，加热 30mL 去离子水，加热、搅拌使其溶解。

② 除去泥沙、SO_4^{2-}　将食盐溶液加热至沸腾，并用小火保持微沸。边搅拌，边逐滴加入 1mol/LBaCl_2 溶液至沉淀完全（约 2mL），陈化 30min。

为检验 SO_4^{2-} 是否沉淀完全，可取离心管两支，各加入约 0.5mL 溶液，离心沉降后，沿其中一支离心管的管壁滴入 3 滴 BaCl_2 溶液，另一支留作比较。如无浑浊产生，说明 SO_4^{2-} 已沉淀完全，若清液变浑，需要再往烧杯中加适量的 BaCl_2 溶液，并将溶液煮沸。如此操作，反复检验、处理，直至 SO_4^{2-} 沉淀完全为止。继续保温 5～10min，放置一会儿后常压过滤。

③ 除去 Ca^{2+}、Mg^{2+}、Ba^{2+}　将滤液加热至沸，用小火维持微沸。边搅拌边逐滴加入 0.5mL 2mol/L 的 NaOH 溶液和 1.5mL 1mol/LNa_2CO_3 溶液，加热至沸腾。待沉淀稍沉降后，吸取上层清液约 0.5mL 进行离心分离，取分离出的清液加入 2mol/LNa_2SO_4 溶液 1～2 滴，振荡试管，观察有无浑浊出现。若无白色浑浊，说明②步中所加过量的 Ba^{2+} 已沉淀完全。若有白色浑浊出现，则在溶液中再加入 0.2～0.5mLNa_2CO_3 溶液（根据浑浊程度而定），加热至沸腾，再取样检验，直至 Ba^{2+} 沉淀完全。静置片刻，常压过滤。

整个过程中，应随时补充去离子水，维持原体积，以免 NaCl 析出。

④ 除去多余的 CO_3^{2-}　往滤液中滴加 2mol/L 盐酸，搅匀，使溶液的 pH 为 3～4。

⑤ 将溶液倒入蒸发皿中，用小火加热蒸发，浓缩至稀糊状为止，但切不可将溶液蒸发至干。

⑥ 冷却后，用布氏漏斗过滤，尽量将结晶抽干。将结晶移入洗净的蒸发皿中，在石棉网上用小火加热烘干。

⑦ 称出产品的质量，计算收率。

2. 产品纯度的检验

待检离子	检验方法	实验现象	
		粗食盐	纯 NaCl
SO_4^{2-}	加入 $BaCl_2$ 溶液		
Ca^{2+}	加入 $(NH_4)_2C_2O_4$ 溶液		
Mg^{2+}	加入 NaOH 溶液和镁试剂		

3. 撰写并提交任务实施的总结报告

 【相关知识】

一、倾析法

当沉淀（晶体）的相对密度较大或晶体的颗粒较大，静置后能很快沉降时，可用倾析法进行沉淀（晶体）的分离和洗涤。

图 1-11 倾析法操作示意

倾析法装置较简单。操作的要点是待沉淀沉降后，将沉淀上部的清液缓慢地倾入另一容器中（见图 1-11），使沉淀与溶液分离。若沉淀需洗涤时，可在转移完清液后，加入少量蒸馏水或洗涤液，充分搅拌、静置、沉降，再用倾析法倾去清液。如此重复操作 3 次，即可把沉淀洗净，使沉淀与溶液分离。

二、离心分离法

离心分离法是利用离心力使溶液中的悬浮微粒快速沉淀而分离的方法，适用于试管中少量溶液与沉淀的分离，操作简单而迅速。

1. 离心分离仪器

离心分离法使用的是离心机（见图 1-12）和离心试管。按转速不同离心机分为低速、高速、超速离心机，代号分别为 D、G、C，低速离心机的转速≤1000 r/min，高速离心机为 10000～30000r/min，超速离心机转速可达 80000r/min。按调速方式分为逐挡调速和无级调速离心机。

2. 离心分离操作方法

① 将盛有待分离的溶液和沉淀的离心试管放入离心机的试管套管内，位置要对称，质量要平衡，否则易损坏离心机的转轴。若只有一支离心试管中的沉淀需要分离，在与之相对称的另一试管套内要装入一支盛以等质量的水的离心试管，以维持平衡。

② 接通离心机电源，盖上盖子，启动离心机，用转速调节旋钮选择适当的转速，速度由小到大。1～2min 后旋转按钮至停止位置，使离心机自然停止。某些电动离心机有定时装置，可按需要选择离心分离时间。

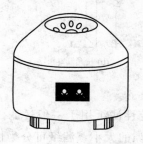

图 1-12　电动离心机

图 1-13　离心试管与取液方法

③ 沉淀离心沉降后，轻轻取出离心试管。将一只干净的滴管排气后伸入离心试管的液面下，小心吸出上层清液（见图 1-13）。吸取过程中，滴管口不离开液面，但是管尖不可接触沉淀。若沉淀需要洗涤，可加入数滴蒸馏水或洗涤液，用玻璃棒搅拌后离心沉降，再用滴管吸出上层清液，如此反复 2～3 次即可。

【注意】　使用离心机时，不能用猛力启动离心机，也不能用外力强制停止，以免损坏离心机，并发生危险。

三、过滤法

分离沉淀和溶液最常用的方法是过滤法。过滤时，沉淀留在过滤器的滤纸或滤板上，溶液则通过滤纸或滤板流入接收容器内，所得溶液称为滤液。

常用的过滤方法有常压过滤、减压过滤和热过滤。

1. 常压过滤

常压过滤是最简单的过滤方法。适用于胶体和细小晶体的过滤，缺点是过滤速度较慢。一般使用的器具是玻璃漏斗和滤纸。

（1）过滤器具

① 漏斗　漏斗有短颈、长颈之分（见图 1-14），其锥角一般在 57°～60°。为了

提高过滤速度，有的漏斗的圆锥内壁制有数条直渠或弯渠，这类漏斗又叫波纹漏斗。漏斗的规格以上口直径表示，常见为 40mm、60mm 和 90mm 3 种。

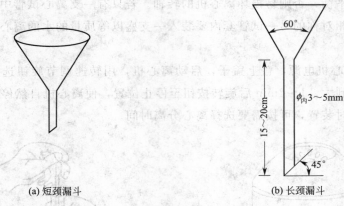

(a) 短颈漏斗　　　　　　　　(b) 长颈漏斗

图 1-14　漏斗

② 滤纸　滤纸一般可分为定性及定量两种，定性滤纸用于一般过滤，定量滤纸主要用于过滤后需要灰化定量分析实验。按照孔隙的大小，滤纸可分为快速、中速、慢速 3 种。

（2）过滤操作

① 滤纸的折叠　滤纸一般按四折法折叠，如图 1-15（a）所示，拨开一层即成内角为 60°的圆锥形。标准漏斗的内角为 60°，正好与滤纸配合。若漏斗角度不够标准，则应适当改变滤纸第二次折叠的角度，使之正好配合所用的漏斗。圆锥形滤纸的一面是三层，一面是一层，在三层的那一面紧贴漏斗的外层撕下一只小角，保存于干燥的表面皿上备用。将圆锥形滤纸放入洁净的漏斗中，使滤纸与漏斗壁紧贴，滤纸边缘低于漏斗边缘 0.5～1cm。用左手食指按住滤纸，右手持洗瓶挤入水使滤纸湿润，然后用洁净的手指或玻璃棒轻轻按滤纸边缘（切勿上下搓揉，湿滤纸极易破损），使之紧贴在漏斗壁上，此时滤纸与漏斗应当密合，其间不应留有空气泡。

② 仪器安装　将干净的漏斗放在漏斗架上，下面放烧杯或其他容器接受滤液，使漏斗末端长的一边紧贴容器壁。

采用倾析法将上层清液沿着玻璃棒慢慢倾入漏斗中，玻璃棒下端靠近三层滤纸约 2/3 滤纸处［见图 1-15（b）］。注意漏斗内的液面低于滤纸边缘约 0.5～1cm，以免部分沉淀可能由于毛细管作用越过滤纸上缘而损失。当倾析暂停时，最后一滴液体流完后小心把烧杯扶正，玻璃棒不离杯嘴，立即将玻璃棒放入烧杯中但是玻璃棒不要靠在烧杯嘴处。

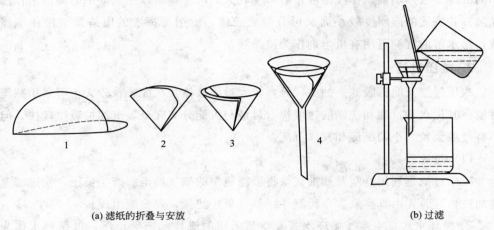

(a) 滤纸的折叠与安放 　　　　　　　　　　　　　　　　(b) 过滤

图 1-15　滤纸折叠与过滤

③ 沉淀的洗涤及转移　　用少量蒸馏水或洗涤液冲洗杯壁和玻璃棒上的沉淀，并充分搅拌、静置，再用上述方法过滤。如此反复用洗涤液洗 2～3 次，使黏附在杯壁的沉淀洗下，并将杯中的沉淀进行初步洗涤。

在烧杯中作最后一次洗涤时，将沉淀搅拌后，连同溶液一起倾入漏斗。对于烧杯中残留的少量沉淀，使沉淀和洗液一起顺着玻璃棒流入漏斗［见图 1-16（a）］。最后用蒸馏水或洗涤液沿滤纸上边缘稍下地方，呈螺旋向下移动淋洗沉淀和滤纸［见图 1-16（b）］，绝不可骤然浇在沉淀上。过滤和洗涤沉淀的操作必须不间断地一气呵成。否则搁置较久的沉淀干涸后，因结成块而几乎无法将其洗涤干净。

洗涤时要遵循"少量多次"的原则，这样可以取得良好的洗涤效果。溶解度较

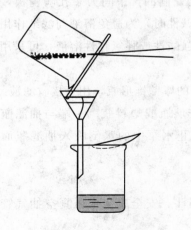

(a) 最后少量沉淀的冲洗　　　　　　　　　　　　(b) 洗涤沉淀

图 1-16　沉淀的洗涤及转移

小的沉淀一般用蒸馏水作洗涤液；溶解度较大的沉淀，可以用沉淀剂的稀溶液作洗涤液；若沉淀的溶解度较小而又可分散成胶体，应用易挥发的电解质溶液作洗涤液；易水解的沉淀可用有机溶剂作为洗涤液。

2. 减压过滤

减压过滤又简称吸滤、抽滤。分离较大量的液体且沉淀颗粒较大，可采用减压过滤。其优点是过滤和洗涤的速度快，母液与沉淀分离完全，沉淀抽吸得较快，但不宜过滤颗粒太小的沉淀和胶体沉淀。

（1）过滤器具

减压过滤是利用真空泵或抽气泵将吸滤瓶中的空气抽走而产生负压，使过滤速度加快，其装置由真空泵、布氏漏斗、抽（吸）滤瓶、安全瓶组成。

① 循环水式真空泵　循环水式真空泵采用射流技术产生负压，以循环水作为工作流体，是新型的真空抽气泵。它的优点是使用方便，节约用水。使用前，先打开台面加水，或将进水管与水龙头连接，加水至进水管上口的下沿，真空吸头处装上橡胶管。将橡胶管连接到吸滤瓶支管上，打开开关，指示灯亮，真空泵开始工作。

过滤结束时，先缓缓拔掉吸滤瓶上的橡胶管，再关开关，以防倒吸。

【注意】

a. 工作时一定要有循环水，否则在无水状态下，将烧坏真空泵；

b. 加水量不能过多，否则水碰到电机会烧坏真空泵；

c. 进出水的上口、下口均为塑料，极易折断，故取、上橡胶管时要小心。

② 布氏漏斗或玻璃砂芯滤器　布氏漏斗是瓷制的，中间为多孔陶瓷板，以便溶液通过滤纸从小孔流出。过滤的溶液具有强碱性时，为避免溶液与滤纸作用，可用的确良布或尼龙布来代替滤纸。若如果过滤强酸性或强氧化性溶液，可采用玻璃砂芯漏斗。

③ 抽（吸）滤瓶　抽（吸）滤瓶是有侧管的厚壁锥形瓶，用于接收滤液。

④ 安全瓶　安全瓶是上端带有两磨口的玻璃瓶或塑料瓶。一端与抽滤瓶的支管连接，另一端与循环水泵连接。其作用是防止水泵中的水倒吸入抽滤瓶而玷污滤液。

（2）减压过滤操作

① 安装装置　过滤装置由抽滤瓶、布氏漏斗、安全瓶和水压真空抽气管组成（见图 1-17）。

【注意】　安装布氏漏斗时，应把布氏漏斗下端的斜口与抽滤瓶支管相对，用耐压橡胶管把抽滤瓶与安全瓶的短管连接，安全瓶的长管再与循环水泵相连。

② 贴紧滤纸　选用比布氏漏斗的内径略小（约 1～2mm）的滤纸，恰好盖住瓷板上所有小孔为宜。将滤纸平铺在布氏漏斗的带孔瓷板上，以少量蒸馏水润湿，并打开循环水泵稍微抽吸，使滤纸紧贴在漏斗瓷板上。

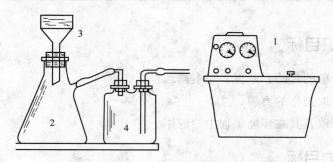

图 1-17　减压过滤装置

1—循环水式真空泵；2—抽（吸）滤瓶；3—布氏漏斗；4—安全瓶

③ 过滤　采用倾析法先将上层清液沿玻璃棒转移到漏斗中，注意布氏漏斗中的液体不得超过漏斗容积的 2/3。然后再将沉淀转移至滤纸或滤板中间，并平铺。

④ 洗涤沉淀　洗涤时，取下抽滤瓶上的橡胶管，关闭循环水泵。向漏斗中加入少量洗涤液，使沉淀均匀浸透，再抽滤至干燥，可以用干净、干燥的瓶塞压晶体，加速其干燥。如此反复洗涤 2～3 次即可。

⑤ 停止抽滤　抽滤结束时，先取下抽滤瓶上的橡胶管，再关闭循环水泵，以防自来水倒灌入抽滤瓶。取下布氏漏斗，将漏斗的颈口朝上，轻轻敲打漏斗边缘，使沉淀物脱离漏斗，然后用玻璃棒或药匙将沉淀移入准备好的滤纸或盛器内。然后将抽滤瓶的支管朝上，从瓶口倒出滤液。

3. 热过滤

为除去热溶液中的不溶性杂质，又要避免溶质在过滤时结晶析出，就必须采用热过滤。热过滤就是在普通过滤器外套上一个热滤漏斗。

过滤操作：

① 从注水口处向热滤漏斗夹层中注水，水不可盛得过满，以防水沸腾时溢出。

② 过滤器准备好后，开始加热漏斗侧管，使漏斗内的水温达到要求。过滤前还应把玻璃漏斗在水浴上用蒸汽加热一下。

③ 过滤过程中若有结晶析出，应待过滤结束，将滤纸上的晶体再用溶剂溶解，然后用新滤纸重新过滤。

任务六　碘　的　萃　取

一、知识目标

1. 掌握萃取的目的、原理、基本概念；
2. 掌握萃取操作的要领；
3. 了解萃取及其在环境工程中的应用。

二、能力目标

1. 能运用工程技术观点分析和解决萃取在环境工程中的应用；
2. 能应用萃取理论解决实际生产问题；
3. 培养学习能力和自我发展能力。

三、任务准备

1. 试剂

碘水、四氯化碳。

2. 仪器

量筒、铁架台（铁圈）、烧杯、分液漏斗、试管、玻璃棒。

四、任务实施

1. 在试管中加入少量碘水，再加入少量四氯化碳，观察现象。振荡，并观察振荡后溶液的颜色。

2. 根据碘在不同试剂中的颜色分析出振荡后的紫色溶液和无色溶液分别是什么物质？为什么有这样的现象？

3. 撰写并提交任务实施报告。

 【相关知识】

沉积物是水体污染物沉积的归属地，污染物在水和底泥的两相间存在着迁移转化行为，在一定条件下（如洪水爆发、河道清淤）又会污染水体。因此有效地监测河流和水库沉积物中的污染物，对于治理水体污染有重要意义。此外，沉积物中的有机污染物和水体中的生物间还存在着二次污染问题，因而世界各地开展了一系列研究课题。有机污染物监测主要包括样品前处理和仪器检测两部分。而样品前处理技术在有机污染物监测中起着重要的作用，溶剂萃取技术就是一项先进的用于固相、半固相物质中痕量有机物前处理的方法。

萃取又称溶剂萃取或液液萃取，萃取法是利用化合物在两种互不相溶（或微溶）的溶剂中溶解度或分配系数的不同，使物质从一种溶剂内转移到另外一种溶剂中，经过反复多次萃取，将绝大部分的物质提取出来的方法。它是一种用液态的萃取剂处理与之不互溶的双组分或多组分溶液，实现组分分离的传质分离过程，是一种广泛应用的单元操作。利用相似相溶原理，萃取有两种方式：液-液萃取、固-液萃取。

一、液-液萃取

1. 概述

液-液萃取是用选定的溶剂分离液体混合物中某种组分，溶剂必须与被萃取的混合物液体不相溶，具有选择性的溶解能力，而且必须有好的热稳定性和化学稳定性。如用苯分离煤焦油中的酚；用有机溶剂分离石油馏分中的烯烃；用四氯化碳萃取水中的碘。如果在水提取液中的有效成分是亲脂性的物质，一般多用亲脂性有机溶剂，如苯、氯仿或乙醚进行两相萃取，如果有效成分是偏于亲水性的物质，在亲脂性溶剂中难溶解，就需要改用弱亲脂性的溶剂，例如乙酸乙酯、丁醇等。

2. 分液漏斗的使用

在实验室中的液-液萃取通常在分液漏斗中进行。分液漏斗分为球形、梨形和筒形等多种样式。梨形和筒形分液漏斗的颈比较短，常用做萃取操作的仪器。球形分液漏斗的颈较长，多用于制气装置中滴加液体的仪器，球形分液漏斗既作加液使用，也可用于分液时使用。分液漏斗的规格以容积大小表示，常用的有 60mL、125mL 2 种。

（1）使用前的准备工作

① 分液漏斗上口的顶塞应用橡皮筋系在漏斗上口的颈部，旋塞也要用橡皮筋绑好，以避免脱落打破。

② 取下旋塞并用纸将旋塞及旋塞腔擦干，在旋塞孔的两侧涂上一层薄薄的凡士林，再小心塞上旋塞并来回旋转数次，使凡士林均匀分布并透明。但上口的顶塞不能涂凡士林。

③ 使用前应先用水检查顶塞、旋塞是否紧密。倒置或旋转旋塞时都必须不漏水才可使用。

（2）萃取与洗涤操作

把分液漏斗放置在固定于铁架台的铁环（用石棉绳缠扎）上。关闭旋塞并在漏斗颈下面放一个烧杯或锥形瓶承接。从分液漏斗上口倒入溶液与溶剂（液体总体积应不超过漏斗容积的 2/3），然后盖紧顶塞并封闭气孔。取下分液漏斗，振摇使两层液体充分接触。振摇时，右手捏住漏斗上口颈部，并用食指根部（或手掌）顶住顶塞，以防顶塞松开。用左手大拇指、食指按住处于上方的旋塞把手，既要能防止振摇时旋塞转动或脱落，又要便于灵活地旋开旋塞。漏斗颈向上倾斜 $30°\sim45°$ 角。如图 1-18。

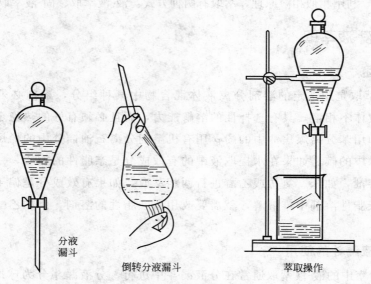

分液
漏斗

倒转分液漏斗

萃取操作

图 1-18　分液漏斗的操作

（3）两相液体的分离操作

分液漏斗进行液体分离时，必须放置在铁环上静置分层；先将顶塞的凹缝与分液漏斗上口颈部的小孔对好（与大气相通），待两层液体界面清晰时，再把分液漏斗下端靠在承接容器内壁，然后缓缓旋开旋塞，放出下层液体，放时先快后慢，当两液面界限接近旋塞时，关闭旋塞并手持漏斗颈稍加振摇，使黏附在漏斗壁上的液体下沉，再静置片刻，下层液体常略有增多，再将下层液体仔细放出，此种操作可重复 $2\sim3$ 次，以便把下层液体分净。当最后一滴下层液体刚刚通过旋塞孔时，关闭旋塞。待颈部液体流完后，将上层液体从上口倒出。绝不可由旋塞放出上层液体，以免被残留在漏斗颈的下层液体所玷污。

不论萃取还是洗涤，上下两层液体都要保留至实验完毕。否则一旦中间操作失误，就无法补救和检查。

分液漏斗与碱性溶液接触后，必须用水冲洗干净。不用时，顶塞、旋塞应用薄纸条夹好，以防粘住（若已粘住，不要硬扭，可用水泡开）。当分液漏斗需放入烘箱中干燥时，应先卸下顶塞与旋塞，上面的凡士林必须用纸擦净，否则凡士林在烘箱中炭化后，很难洗去。长时间不用的分液漏斗要把旋塞处擦拭干净，塞芯与塞槽之间放一纸条，以防磨砂处粘连。

二、固-液萃取

1. 概述

固-液萃取也叫浸取，用溶剂分离固体混合物中的组分，如用水浸取甜菜中的糖类；用酒精浸取黄豆中的豆油以提高油产量；用水从中药中浸取有效成分以制取流浸膏叫"渗沥"或"浸沥"。

从固体混合物中萃取所需要的物质，最简单的方法是把固体混合物先行研细，放在容器里，加入适当溶剂，用力振荡，然后用过滤或倾析的方法把萃取液和残留的固体分开。实验室一般用索氏（Soxhlet）提取器（图 1-19）来萃取。

(a) 索氏提取器

(b) 索氏提取器装置

图 1-19　索氏提取器及装置

2. 索氏提取器

索氏提取器又称脂肪抽取器或脂肪抽出器。索氏提取器是由提取瓶、提取管、冷凝器三部分组成的，提取管两侧分别有虹吸管和连接管，各部分连接处要严密不能漏气。提取时，将滤纸做成与提取器大小相适应的套袋，然后把固体混合物放置在纸套袋内，装入提取器内。溶剂的蒸气从烧瓶进到冷凝管中，冷凝后，回流到固体混合物里，溶剂在提取器内到达一定的高度时，就和所提取的物质一同从侧面的虹吸管流入烧瓶中。溶剂就这样在仪器内循环流动，把所要提取的物质集中到下面的烧瓶里。

任务七　常压蒸馏和分馏工业酒精

一、知识目标

1. 了解常压蒸馏、分馏的原理和意义；
2. 掌握常压蒸馏、分馏的基本装置的正确安装及使用方法；
3. 了解冷凝管、分馏柱的种类和选用方法。

二、能力目标

1. 能辨识常压蒸馏、分馏的异同点；
2. 能独立安装和使用常压蒸馏、分馏装置。

三、任务准备

1. 试剂
工业酒精、沸石。

2. 仪器
圆底烧瓶、蒸馏头、分馏柱、温度计、冷凝管、尾接管、接收瓶等。

四、任务实施

1. 在 50mL 干燥的圆底烧瓶中加入 25mL 工业酒精，再加入 2～3 粒沸石。按图 1-20(a) 安装蒸馏装置，用锥形瓶作接收器。检查装置，整个装置必须端正、稳固、紧凑，从正面和侧面看都不倾斜，玻璃磨口连接紧密。接通冷凝水，加热至沸腾。当温度计读数达到 77℃时，更换接收瓶。接收 77～79℃ 的馏分，此馏分为纯化的乙醇。控制加热速度使温度计水银球上有液体浸润，达到气-液平衡，并使蒸馏速度为 1～2 滴/s。直至蒸馏瓶中仅存少量液体时（不要蒸干），停止加热，并观察记录最后的温度；起始及最终的温度代表液体的沸程。最后停止通水，将收集的乙醇倒入回收瓶。

2. 在 50mL 干燥的圆底烧瓶中加入 25mL 工业酒精，再加入 2～3 粒沸石。按图 1-20(b) 安装分馏装置，用锥形瓶作接收器。操作方法与常压蒸馏大致相同。当液体沸腾后，注意控制加热速度，使馏出液速度为 1 滴/2～3s。将初馏出液 A 收集于接收瓶中，注意并记录柱顶温度及接收器的馏出液总体积。继续蒸馏，记录每增加 1mL 馏出液时的温度及总体积。温度达 62℃换接收瓶接收 B 物质，98℃用接收瓶接收 C 物质，直至蒸馏烧瓶中残液为 1～2mL，停止加热（A 物 56～62℃，B 物 62～98℃，C 物 98～100℃）。

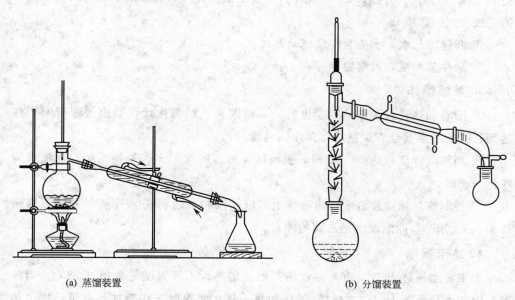

(a) 蒸馏装置　　　　　　　　　　　　　　　(b) 分馏装置

图 1-20　蒸馏与分馏装置

3. 撰写并提交任务实施的总结报告。

 【相关知识】

一、常压蒸馏

1. 基本原理

液体经加热沸腾成为气体，冷却后变回液体。借此与样品中的其他成分和杂质分离。液体在所处温度下有相应的饱和蒸气压（达到汽-液平衡）。当温度升高，其饱和蒸气压与外界压力相等时液体便沸腾。

2. 实验步骤

① 安装实验装置方向：自下而上、从左向右。

② 安装实验装置次序：先固定蒸馏瓶，接着装上蒸馏头、温度计、冷凝管、接引管、接收瓶。在冷凝管的 1/2 至下端 1/3 之间用铁夹固定。

③ 整个装置必须端正、稳固、紧凑。从正面和侧面看都不倾斜，玻璃磨口连接紧密。

④ 用胶管连接冷凝管的进出水口，冷却水从低端进、从高端出。

⑤ 通过漏斗将样品的乙醇（先称重或量体积）加到蒸馏瓶中，高度以蒸馏瓶的 1/3～2/3 为宜。并加入 2～3 粒沸石。装上温度计（水银球的上线与蒸馏管侧管的下线在同一高度）。

⑥ 开通冷却水，水流为缓慢流动即可。

⑦ 加热蒸馏瓶，观察温度。

3. 蒸馏操作

① 随着加热进行，样品的温度升高，蒸馏头上的温度计读数也缓慢升高。在达到乙醇的沸点前会有少量液体蒸出（前馏分）。

② 当温度计读数达到 77℃时，更换接收瓶。接收 77～79℃的馏分，此馏分为纯化的乙醇。

③ 控制加热速度使温度计水银球上有液体浸润，达到汽-液平衡，并使蒸馏速度为 1～2 滴/s。此温度也是乙醇的沸点。

4. 结束蒸馏

如果温度超过 79℃，更换接收瓶并停止加热。不管温度是否超过 79℃，当蒸馏瓶中的样品剩下 1mL 左右时，停止加热。停止实验时先切断加热电源，撤去热源。稍冷后按与安装相反的次序拆装置：停冷却水，取下温度计，取下接引管、冷凝管、蒸馏头等。量出馏分的体积或称重。

5. 相关问题及注意事项

① 蒸馏装置必须与外部大气相通，绝不可成为密闭装置。

② 沸点高于 140℃的成分的蒸馏用空气冷凝管。

③ 用蒸馏法分离混合液体，不同组分的沸点差应大于 30℃。否则分离效果不佳。

④ 用磨口温度计则不需温度计套管。但温度计水银球的位置必须正确。

⑤ 冷凝管除了装成斜的，还可以装成垂直的。用内冷式（冷却水管盘绕在冷凝管内）的或蛇形（蒸汽冷却部分为蛇形管）冷凝管效率较高。请比较冷凝管斜装

和直装的优缺点。

⑥ 用蒸馏法浓缩样品且浓缩后样品量很少时，用梨形蒸馏瓶（底部尖形）。

⑦ 如果不加沸腾石，可能加热到沸点时样品也不沸腾（过热液体）。此时不可补加沸腾石，以免暴沸。应停止加热，待样品冷却片刻后再加沸腾石。然后加热蒸馏。

⑧ 沸腾石不重复使用。使用过一次后沸腾石表面的毛细管口都被填满，不再起作用。沸腾石也可用一端封闭的玻璃毛细管代替。管口置于被蒸馏的液体中。蒸馏时在管口不断产生气泡，保持均匀的沸腾。

⑨ 蒸馏易挥发或有气味的样品时，用胶管连接接收管通气口并引向水槽。接收瓶外可用冰冷却。蒸馏易吸潮的样品时，接收管通气口连接干燥管。

二、常压分馏

1. 基本原理

分馏是利用分馏柱将多次汽化-冷凝过程在一次操作中完成的方法。因此，分馏实际上是多次蒸馏。它更适合于分离提纯沸点相差不大的液体有机混合物。

混合液沸腾后蒸气进入分馏柱中被部分冷凝，冷凝液在下降途中与继续上升的蒸气接触，二者进行热交换，蒸气中高沸点组分被冷凝，低沸点组分仍呈蒸气上升，而冷凝液中低沸点组分受热汽化，高沸点组分仍呈液态下降。结果是上升的蒸气中低沸点组分增多，下降的冷凝液中高沸点组分增多。如此经过多次热交换，就相当于连续多次的普通蒸馏。以致低沸点组分的蒸气不断上升，而被蒸馏出来；高沸点组分则不断流回圆底烧瓶中，从而将它们分离。

2. 分馏操作

分馏操作和蒸馏大致相同，将待分馏的液体放入圆底烧瓶中，加入 2~3 粒沸石，柱外可用石棉绳包住，这样可以减少柱内热量的散发，减少风和室温的影响。选用合适的热源加热，液体沸腾后要注意控制温度，使蒸气慢慢升入分馏柱，约10~15min 后蒸气达到柱顶（可用手摸柱壁，若烫手表示蒸气已达该处）。当冷凝管中有蒸馏液流出时，控制加热速度，使馏出液以 2~3 滴/s 的速度蒸出。这样可以达到较好的分馏效果。

待低沸点组分蒸完后，再渐渐升高温度。当第二个组分蒸出时会产生沸点的迅速上升。上述情况是假定分馏体系有可能将混合物的组分进行严格的分馏。一般则有相当大的中间馏分（除非沸点相差很大）。

3. 相关问题及注意事项

① 分馏一定要缓慢进行，控制好恒定的蒸馏速度（2~3 滴/s），这样，可以得

到比较好的分馏效果。

② 要使有相当量的液体沿柱流回烧瓶中，即要选择合适的回流比，使上升的气流和下降液体充分进行热交换，使易挥发组分尽量上升，难挥发组分尽量下降，分馏效果更好。

③ 必须尽量减少分馏柱的热量损失和波动。柱的外围可用石棉绳包住，这样可以减少柱内热量的散发，减少风和室温的影响，也减少了热量的损失和波动，使加热均匀，使分馏操作平稳地进行。

学习情境二

环境中的化学平衡

【引入案例】 氮是蛋白质、核酸、酶、纤维素等有机物中的重要组分。含氮化合物包括有机氮、蛋白氮、氨氮、亚硝酸盐氮和硝酸盐氮。纯净天然水体中的含氮物质是很少的，水体中含氮物质的主要来源是生活污水和某些工业废水。

当含氮有机物进入水体后，由于微生物和氧的作用，可以将其逐步分解为无机氨（NH_3）、铵盐（NH_4^+）、亚硝酸盐（NO_2^-）和最终产物硝酸盐（NO_3^-）。这个过程称为硝化过程。氨和铵盐的氮称氨氮。亚硝酸盐中的氮称为亚硝酸盐氮。硝酸盐中的氮称为硝酸盐氮。亚硝酸盐氮是氨硝化过程的中间产物，水中亚硝酸盐含量高，说明有机物的无机化过程尚未完成，污染危害仍然存在。

相反地，在无氧的条件下，硝酸盐在厌氧微生物的作用下，还原成亚硝酸盐和氨。这时水质会越来越差。

氨氮、亚硝酸盐氮、硝酸盐氮这 3 种形态氮的含量都可以作为水质指标，分别代表有机氮转化为无机氮的各个不同阶段。随着含氮物质的逐步氧化分解，水体中的微生物和其他有机污染物也被分解破坏，因而达到净化水体的作用。根据水体中氨氮、亚硝酸盐氮、硝酸盐氮含量变化，进行综合分析，可判断水质的污染状况。

任务一 测定碳酸盐与 pH 值关系

一、知识目标

1. 了解碳酸盐平衡的环境学意义；

2. 掌握碳酸盐的测定方法及其分配系数的计算；

3. 理解碳酸盐浓度与 pH 值之间的关系。

二、能力目标

1. 能正确使用微量滴定管；

2. 能正确判断各碳酸盐测定的指示终点；

3. 能通过实验结果的计算明确碳酸盐与 pH 值之间的关系。

三、任务准备

1. 试剂

用盐酸、碳酸钠和碳酸氢钠调节溶液 pH 值，配制出 pH＝4、pH＝5、pH＝6、pH＝7、pH＝8、pH＝9、pH＝10 等各种溶液；盐酸标准溶液（10mmol/L）、氢氧化钠标准溶液（10mmol/L）；1％酚酞指示剂、溴甲酚绿-甲基红指示剂。

2. 仪器

微量滴定管、pH 计、移液管及实验室常见实验器材。

四、任务实施

1. 测定

（1）游离 CO_2 的测定

分别吸取配制的各种 pH 值的溶液 25mL，加两滴酚酞指示剂，用标准浓度的氢氧化钠溶液滴定至溶液呈淡红色不消失为终点，记下氢氧化钠用量 V_1，计算式为：

$$[H_2CO_3^*]\approx[CO_2]=10V_1/V_{样品}$$

在滴定过程中碳酸是由游离 CO_2 转变而来，因此 $[H_2CO_3^*]\approx[CO_2]$。

（2）HCO_3^- 的测定

分别吸取配制的各种 pH 值的溶液 25mL，加 4 滴溴甲酚绿-甲基红指示剂，若溶液呈玫瑰红色，则此溶液无 HCO_3^-；若此溶液呈绿色，则由标准浓度的盐酸溶液滴定至出现玫瑰红色为终点，记录下盐酸的用量 V_2，计算式为：

$$[HCO_3^-]=10V_2/V_{样品}$$

（3）HCO_3^- 及 CO_3^{2-} 的测定

分别吸取配制的各种 pH 值的溶液 25mL，加入两滴酚酞，若加酚酞后溶液无色，则无 CO_3^{2-}，当其溶液呈红色时，用标准浓度的盐酸滴定至红色刚好消失为止，记下用量 V_3；然后再加 4 滴溴甲酚绿-甲基红指示剂，用标准浓度的盐酸滴定至绿色刚好变成玫瑰红色为止记录下盐酸的用量 V_4，计算式为：

$$[CO_3^{2-}]=10V_3/V_{样品}$$

2. 实验结果整理

（1）分别计算出各 pH 值时的 $H_2CO_3^*$、HCO_3^- 和 CO_3^{2-} 物质的量浓度（mmol/L）；

（2）分别计算出各 pH 值时的总物质的量浓度 $c_T=[H_2CO_3^*]+[HCO_3^-]+[CO_3^{2-}]$；

（3）分别计算出各 pH 值时 $H_2CO_3^*$、HCO_3^- 和 CO_3^{2-} 的分配系数。

3. 记录表格

pH 值	分析项目	取样体积/mL	起点体积/mL	终点体积/mL	两者的体积差/mL	物质的量浓度/(mmol/L)	占总浓度百分数/%
4	$H_2CO_3^*$						
	HCO_3^-						
	CO_3^{2-}						
5	$H_2CO_3^*$						
	HCO_3^-						
	CO_3^{2-}						
6	$H_2CO_3^*$						
	HCO_3^-						
	CO_3^{2-}						
7	$H_2CO_3^*$						
	HCO_3^-						
	CO_3^{2-}						
8	$H_2CO_3^*$						
	HCO_3^-						
	CO_3^{2-}						
9	$H_2CO_3^*$						
	HCO_3^-						
	CO_3^{2-}						
10	$H_2CO_3^*$						
	HCO_3^-						
	CO_3^{2-}						

4. 撰写并提交任务实施的总结报告

 【相关知识】

一、电解质

1. 电解质与非电解质

在水溶液或熔化状态下，能够导电的化合物叫电解质，不能导电的化合物叫非电解质。

酸、碱、盐是电解质，绝大多数有机物是非电解质，如酒精、蔗糖等。

2. 电解质的离解

电解质在水溶液或熔化状态下形成自由离子的过程叫离解。电解质溶液导电能力的强弱由溶液中自由离子的数目决定。在电解质溶液中，存在着阴、阳离子，离子的运动是杂乱无章的，当通电于溶液中，离子将作定向运动，阳离子移向阴极，阴离子移向阳极，就会产生导电现象。

【注意】 电解质的离解是在水或热的作用下发生的，并非通电后引起的。

溶剂的极性是电解质离解的一个不可缺少的条件。例如，氯化氢的苯溶液不能导电，而其水溶液可以导电。水是应用最广泛的溶剂，本章讨论以水作溶剂的电解质溶液。

3. 强电解质与弱电解质

在水溶液或熔融状态下，能完全离解的电解质称为强电解质。强酸、强碱、大多数的盐都是强电解质。其离解过程表示为：

$$H_2SO_4 \longrightarrow 2H^+ + SO_4^{2-}$$

$$NaOH \longrightarrow Na^+ + OH^-$$

在水溶液或熔融状态下，仅部分离解的电解质称为弱电解质。弱酸、弱碱、极少数的盐属于弱电解质。其离解过程表示为：

$$NH_3 \cdot H_2O \longrightarrow NH_4^+ + OH^-$$

常见的弱电解质有 HAc、H_2CO_3、H_2S、HCN、HF、HClO、HNO_2、氨水、水。

二、酸碱理论

"三酸两碱"［即硝酸、硫酸、盐酸和氢氧化钠（俗称烧碱）、碳酸钠（俗称纯碱）］是人们熟知的基础化工原料，酸碱物质在工农业生产和日常生活中发挥着非常重要的作用。历史上曾有多种阐明酸、碱本身以及酸碱反应的本质酸碱理论，其中比较重要的包括酸碱的电离理论、酸碱的质子理论和酸碱的电子理论。

1. 酸碱的电离理论

1887 年，瑞典物理化学家阿累尼乌斯提出：凡在水溶液中能电离产生 H^+（H_3O^+）的物质叫做酸，而在水溶液中能电离产生 OH^- 的物质叫做碱。酸碱中和反应就是 H^+ 和 OH^- 结合生成中性水分子的过程。这一酸碱定义是建立在电离理论基础上提出的，它的重要性在于从物质的化学组成上揭示了酸碱的本质，并提供了一个描述酸碱强度的定量标度。因为测量或计算出溶液中 H^+ 和 OH^- 的浓度，就可以比较精确地比较各种酸碱的相对强度。这个理论的缺陷在于：①并不是只有含 OH^- 的物质才具有碱性，如 NH_3 的水溶液也具有碱性；②该理论将酸碱概念局限在水溶液体系中，因此无法解释非水体系的酸碱性。

2. 酸碱的质子理论

（1）酸碱定义

1923 年丹麦化学家布朗斯特和英国化学家劳里提出一种酸碱理论。该理论认为：凡是可以释放质子（H^+）的物质为酸，凡能接受质子的物质都是碱。即酸是质子的给予体，碱是质子的接受体。酸释放一个质子后形成的物质叫做该酸的共轭碱，碱结合一个质子后形成的物质叫做该碱的共轭酸。

$$酸 \rightleftharpoons 碱 + H^+$$

上式又称为酸碱半反应式，酸碱半反应两边的酸碱物质称为共轭酸碱对。

（2）酸碱反应实质

从酸碱半反应式可看出：在酸给出质子的瞬间，质子必然迅速与另一个质子受体（碱）结合。因此，酸碱质子理论中的酸碱反应是两个共轭酸碱对的结合，质子从一种酸转移到另一种碱的过程。因此，反应可在水溶液中进行，也可在非水溶剂中或气相中进行。

例如：一元弱酸 HA 在水溶液中，存在着两个酸碱半反应。

酸碱半反应 1：　　　　　$HA \rightleftharpoons H^+ + A^-$

　　　　　　　　　　　　酸 1　　　　　　碱 1

酸碱半反应 2：　　　　$H^+ + H_2O \rightleftharpoons H_3O^+$

　　　　　　　　　　　　碱 2　　　酸 2

总反应：　　　　　　$HA + H_2O \rightleftharpoons H_3O^+ + A^-$

　　　　　　　　　酸 1　碱 2　　酸 2　　碱 1

在质子传递反应中强碱夺取强酸的质子转化为其对应的共轭酸——弱酸；强酸转化为其对应的共轭碱——弱碱。也就是说，酸碱反应的方向总是由较强的酸和较强的碱作用，生成较弱的酸和较弱的碱，相互作用的酸和碱愈强，反应进行得愈完全。

例如：
$$HNO_3 + NH_3 \rightleftharpoons NH_4^+ + NO_3^-$$

因 HNO_3 的酸性比 NH_4^+ 的强，NH_3 的碱性比 NO_3^- 的强，故该反应强烈地向右方进行。

除了分子酸（如 HNO_3、H_2SO_4、HCl、HAc）外，还包括离子酸。一种是阴离子酸，如 HSO_4^-、$H_2PO_4^-$、HPO_4^{2-}、HCO_3^- 等；另一种是阳离子酸，如 NH_4^+、H_3O^+ 等。同理，除了分子碱（如 NH_3、H_2O）外，还有阴离子碱，如 SO_4^{2-}、I^-、HPO_4^{2-} 等，及阳离子碱，如 $[Cu(H_2O)_3(OH)]^+$、$[Al(H_2O)_4(OH)_2]^+$ 等。有些物质（包括分子、基团或离子），如 NH_3、H_2O、HPO_4^{2-} 等既具有酸性又具有碱性，这类物质称为两性物质，它们既是质子的接受体同时也是质子的给予体。

酸碱质子理论的优点是将酸碱的概念推广到了所有的质子体系中，而不管酸碱的物理状态和是否存在有溶剂。

3. 酸碱的电子理论

1923 年美国物理化学家路易斯提出酸碱电子理论：凡可以接受外来电子对的物质（包括分子、基团或离子）为酸（路易斯酸），凡可以提供电子对的物质（包括分子、基团或离子）为碱（路易斯碱）。因此，路易斯酸是电子对的接受体，路易斯碱是电子对的给予体。酸碱通过电子对的授受关系形成配位键，生成配位化合物，即酸碱反应是电子对接受体与电子对给予体之间形成配位键的反应。例如：

$$Ag^+ + 2:NH_3 \longrightarrow [Ag(NH_3)_2]^+$$
$$\text{酸} \quad \text{碱} \qquad \text{配位化合物}$$

$$BF_3 + :F^- \longrightarrow BF_4^-$$
$$\text{酸} \quad \text{碱} \qquad \text{配位化合物}$$

酸碱电子理论扩大了酸碱的范围，并可把酸碱概念用于许多有机反应和无溶剂系统，这是它的优点。它的缺点是这一理论包罗万象，使酸碱特征不明显，同时对酸碱的强弱不能给出定量的标准。

三、天然水的酸碱性

1. 天然水的酸碱性

大多数含有矿物质的天然水，其 pH 值一般都在 6～9 这个狭窄的范围内，并且对于任一水体，其 pH 值几乎保持恒定。在与沉积物的生成、转化及溶解等过程有关的化学反应中，天然水的 pH 值具有很大意义，它往往能决定转化过程的方向。

生物活动，如光合作用和呼吸作用，以及物理现象，如自然的或外界引起的扰动伴随着曝气作用，都会或增或减地使水中溶解性二氧化碳浓度发生变化，从而影响水体 pH 值。此外，其他一些借助于生物进行的反应也会影响天然水的 pH 值，如黄铁矿被氧化的反应会导致 pH 降低；反硝化或反硫化等过程则趋向于使 pH 值升高。

在大多数天然水中都有 HCO_3^- 和 CO_3^{2-} 作为碱存在。有时还可存在别的低浓度碱，如 $B_4O_7^{2-}$、PO_4^{3-}、AsO_4^{3-}、NH_3、SiO_3^{2-} 等。火山和温泉向水中加入 HCl 和 SO_2 之类气体，可强烈地产生酸性水。工业废水中含有的游离酸或多价金属离子经排放而进入天然水系，也可使水具酸性。另外一些酸性成分是硼酸、硅酸和铵离子。总的说来，天然水体中最重要的酸性成分还是 CO_2，它与水形成相对平衡的碳酸体系。

2. 天然水的酸度和碱度

（1）酸度

水的酸度是指水中所含能提供氢离子与强碱（如氢氧化钠、氢氧化钾等）发生中和反应的物质总量。这些物质能够放出氢离子，或者经水解能产生氢离子。水中形成酸度的物质有三部分。

① 水中存在的强酸能全部离解出氢离子，如硫酸、盐酸、硝酸等；

② 水中存在的弱酸物质，如游离的二氧化碳、碳酸、硫化氢、醋酸和各种有机酸等；

③ 水中存在强酸弱碱组成的盐类，如铝、铁、铵等离子与强酸所组成的盐类等。

天然水中，酸度的组成主要是弱酸。天然水中在一般的情况下不含强酸酸度。水中酸度的测定是用强碱的标准溶液来滴定的。如用甲基橙指示剂所测得的酸度是指强酸酸度和强酸弱碱形成盐类的酸度；而用酚酞指示剂所测得的酸度包括了上述三部分酸度，即称为总酸度。根据溶液质子平衡条件，可得到酸度表示式：

$$总酸度 = [H^+] + [HCO_3^-] + 2[H_2CO_3] - [OH^-]$$

（2）碱度

碱度是指水中能与强酸发生中和作用的物质的总量。这类物质包括强碱、弱碱、强碱弱酸盐等。天然水中的碱度主要是由重碳酸盐（bicarbonate，碳酸氢盐，下同）、碳酸盐和氢氧化物引起的，其中重碳酸盐是水中碱度的主要形式。引起碱度的污染源主要是造纸、印染、化工、电镀等行业排放的废水及洗涤剂、化肥和农药在使用过程中的流失。碱度和酸度是判断水质和废水处理控制的重要指标。碱度也常用于评价水体的缓冲能力及金属在其中的溶解性和毒性等。工程中用得更多的是总碱度这个定义，一般表征为相当于碳酸钙的浓度值。总碱度是水中各种碱度成分的总和，根据溶液质子平衡条件，可以得到碱度的表示式

$$总碱度 = [HCO_3^-] + 2[CO_3^{2-}] + [OH^-] - [H^+]$$

四、水体中的酸碱平衡

在大气中含有一定分压的 CO_2，因此在所有的天然水体中都有相当高浓度的 $[CO_2(aq)]$、$[H_2CO_3]$、$[HCO_3^-]$ 和 $[CO_3^{2-}]$。此外，考虑到 CO_2 在光合作用和呼吸作用中具有重大的意义，则可以想见，碳酸系统的平衡性质在调节天然水体的 pH 中起着非常重要的作用。

除了源于空气中的 CO_2 外，水中碳酸化合物的来源还有岩石、土壤中碳酸盐和重碳酸盐矿物的溶解、水生动植物的新陈代谢、水中有机物的生物氧化等。此外，水质处理过程中有时也需加入或产出各种碳酸化合物。

1. 弱酸-弱碱的离解平衡常数

弱电解质溶于水时，受水分子作用离解为阴、阳离子。阴、阳离子碰撞时又相互吸引，又重新结合成分子，因此它们的离解是一个可逆的过程。在一定条件下，当弱电解质的分子离解为离子的速率与离子结合成分子的速率相等时，未电离的分子与离子间就建立起动态平衡，这种平衡称为弱电解质的离解平衡。

以 HA 代表一元弱酸，离解平衡为

$$HA \Longrightarrow H^+ + A^-$$

在一定温度下，其离解常数表达式为：

$$K_a = \frac{[H^+][A^-]}{[HA]} \tag{2-1}$$

以 BOH 代表一元弱碱，离解平衡为

$$BOH \Longrightarrow B^+ + OH^-$$

在一定温度下，其离解常数表达式为：

$$K_b = \frac{[B^+][OH^-]}{[BOH]} \tag{2-2}$$

K_a、K_b 分别表示弱酸、弱碱的离解平衡常数，式中各浓度表示离解平衡时的浓度，同时应指明弱电解质的化学式。

在一定温度下，每种弱电解质都有其确定的离解常数值。离解平衡常数的大小表示弱电解质的离解趋势，其值越大，离解趋势越大。一般将 K_a 小于 10^{-2} 的酸称为弱酸，弱碱也可按此分类。

离解平衡常数与浓度无关，随温度的变化而变化，但由于弱电解质离解的热效应不大，温度对 K_a 和 K_b 的影响较小。

2. 碳酸平衡

在水溶液中分子状态 CO_2 和 H_2CO_3 之间存在着如下平衡：

$$CO_2(aq)+H_2O \Longrightarrow H_2CO_3$$

达到平衡时以 $CO_2(aq)$ 存在形态为主，而 H_2CO_3 形态只占游离碳酸总量中很小的比例。如在 25℃ 温度下，$[H_2CO_3]/[CO_2(aq)]=10^{-2.8}$。因此将水中游离碳酸总量用 $[H_2CO_3^*]$ 表示时有：

$$[H_2CO_3^*]=[CO_{2(aq)}]+[H_2CO_3] \approx [CO_{2(aq)}]$$

CO_2 的一级离解和二级离解描述如下：

$$CO_2+H_2O \Longrightarrow H^+ + HCO_3^-$$

$$K_{a1}=\frac{[H^+][HCO_3^-]}{[H_2CO_3]} \tag{2-3}$$

$$HCO_3^- \Longrightarrow H^+ + CO_3^{2-}$$

$$K_{a2}=\frac{[H^+][CO_3^{2-}]}{[HCO_3^-]} \tag{2-4}$$

五、缓冲溶液

溶液的酸碱度是影响化学反应的重要因素之一。许多化学反应，特别是生物体内的化学反应，常常需要在一定的 pH 条件下才能正常进行。例如，人体血液的 pH 保持在 7.35～7.45 之间，才能维护机体的酸碱平衡。若超出这个范围，机体的生理功能就会失调而导致疾病。怎样才能维持溶液的 pH 范围呢？这就是缓冲溶液的功能。

1. 同离子效应

在弱酸或弱碱溶液中，加入与弱酸或弱碱含有相同离子的易溶强电解质，使弱酸或弱碱的离解度降低的现象，称为同离子效应。

例如，在 HAc 溶液加入少量的 NaAc 固体：

$$HAc \Longrightarrow H^+ + Ac^-$$

$$NaAc \longrightarrow Na^+ + Ac^-$$

在 HAc 溶液中加入 NaAc 后，增大了溶液中 Ac^- 浓度，使 HAc 的离解平衡向左移动，HAc 的离解度降低，溶液中 H^+ 浓度减小，pH 增大。

2. 缓冲溶液

（1）缓冲溶液

缓冲溶液是一种能够抵抗外加少量强酸、强碱或稀释作用，而能维持溶液 pH 基本不变的溶液。缓冲溶液保持 pH 基本不变的作用称为缓冲作用，其原理就是同离子效应。

为了说明缓冲溶液的作用，可以分析以下表中数据。

纯水或溶液	加少量强酸(碱)	pH	ΔpH
纯水 1L		7	
	0.01mol HCl 气体	2	−5
	0.01mol NaOH 固体	12	+5
0.1mol NaCl(1L)		≈7	
	0.01mol HCl	2	−5
	0.01mol NaOH	12	+5
0.1mol HAc- 0.1mol NaAc(1L)		4.75	
	0.01mol HCl	4.66	−0.09
	0.01mol NaOH	4.84	+0.09

  表中数据表明，向纯水和 NaCl 溶液加入少量酸或碱后，其 pH 会显著变化。而 HAc-NaAc 组成的缓冲溶液可以维持 pH 的相对稳定。

  (2) 缓冲原理

  缓冲溶液一般由弱酸及其盐、弱碱及其盐组成。

  例如 HAc+NaAc、NH_3+NH_4^+、NaH_2PO_4+Na_2HPO_4 等缓冲溶液。

  以 HAc+NaAc 缓冲溶液为例说明缓冲原理。

$$HAc \rightleftharpoons H^+ + Ac^-$$

$$NaAc \longrightarrow Na^+ + Ac^-$$

  由于 HAc 受到 Ac^-（NaAc 离解产生）的同离子效应影响，其离解平衡向左移动，使溶液中存在大量的 HAc 分子，并有大量的 Ac^-。

  当加入少量强酸时，H^+ 浓度增加，溶液中存在的大量 Ac^- 生成 HAc，使 HAc 的离解平衡向左移动。达到新的平衡时，溶液 H^+ 浓度没有明显增加，pH 无明显降低，Ac^- 起到抗酸作用，称抗酸成分。

  当加入少量强碱时，OH^- 浓度增加，溶液中存在的 HAc 与 OH^- 结合成 H_2O，使 HAc 的离解平衡向右移动，即 HAc 能把加入的 OH^- 消耗掉。达到新的平衡时，H^+ 浓度不会明显降低，pH 无明显增加。HAc 起到抗碱作用，称抗碱成分。

  任何缓冲溶液中，既有抗酸成分，又有抗碱成分。但是，任何缓冲溶液的缓冲能力都是有限的，若向其中加入大量的强酸或强碱，或加大量的水稀释，缓冲溶液的缓冲能力将丧失。

  (3) 缓冲溶液的 pH

  由一元弱酸及其盐组成的缓冲溶液，其溶液的 pH 的计算方法为：

$$pH = pK_a - lg\frac{c(酸)}{c(盐)} \tag{2-5}$$

由一元弱碱及其盐组成的缓冲溶液，其溶液的 pH 的计算方法为：

$$pOH = pK_b - \lg \frac{c(碱)}{c(盐)} \tag{2-6}$$

缓冲溶液的应用很广泛，维持生物体正常的生理活动、物质的分离提纯、物质的分析检验等，需要控制溶液的 pH，需要选择不同的缓冲溶液来维持。例如人体血液的 pH 要严格控制在 7.4 左右的一个很小的范围内，pH 降低或升高较大时会引起酸中毒或碱中毒。维持血液 pH 稳定的缓冲体系有 H_2CO_3-HCO_3^-、$H_2PO_4^-$-HPO_4^{2-} 等。

任务二　絮凝沉淀处理污废水

一、知识目标

1. 了解沉淀-溶解平衡的定义；
2. 了解反应速率的定义及表示方法。

二、能力目标

1. 能通过实验理解反应物浓度对反应速率的影响；
2. 能通过实验理解沉淀-溶解平衡；
3. 初步建立污废水处理中沉淀剂的选择及沉淀条件控制意识。

三、任务准备

1. 试剂

$BaCl_2$ 溶液（0.01mol/L，0.1mol/L），Na_2SO_4 溶液（0.1mol/L），明矾。

2. 仪器

托盘天平、100mL 烧杯、试管、玻璃棒等。

四、任务实施

1. 分别在两支试管中加入 2mL 0.1mol/L Na_2SO_4 溶液，然后在第一支试管中加入 2 滴 0.01mol/L $BaCl_2$ 溶液，在第二支试管中加入 2 滴 0.1mol/L $BaCl_2$ 溶液，观察现象。

2. 分别在两支试管中加入 2mL 0.1mol/L Na_2SO_4 溶液，然后在第一支试管中加入 1 滴 0.1mol/L $BaCl_2$ 溶液，在第二支试管中加入 10 滴 0.1mol/L $BaCl_2$ 溶液，观察现象。

3. 分别在两支试管中加入 3mL 0.1mol/L Na_2SO_4 溶液，然后在第一支试管中加入 1mL 0.1mol/L $BaCl_2$ 溶液，在第二支试管中加入 1mL 0.1mol/L $BaCl_2$ 溶液和 0.1g 明矾，观察现象。

4. 撰写并提交任务实施报告。

 【相关知识】

一、反应速率

1. 化学反应速率的表示方法

化学反应进行的速率差别很大，如火药爆炸、核反应、酸碱中和等瞬间即可反应完成；而钢铁的生锈、橡胶的老化要经过较长的时间才能察觉；自然界中岩石的风化、煤或石油的形成，则需要长达几十万年甚至亿万年。

在化学反应中，随反应的进行，反应物的浓度不断减小，生成物浓度不断增大。通常用单位时间内反应物浓度的减少或生成物浓度的增加来表示化学反应速率。

$$v = \frac{|\Delta c|}{\Delta t} \tag{2-7}$$

浓度单位为 mol/L，时间单位用 h（小时）、min（分）、s（秒）表示。反应速率的单位为 mol/(L·s)、mol/(L·min)、mol/(L·h)。应当指出，该反应速率实际上是一定时间间隔内平均反应速率，而不是瞬间速率。

例如，某反应物的初始浓度是 2mol/L，2s 后其浓度变为 0.6mol/L，则 2s 内该反应物的平均反应速率为 0.7mol/(L·s)。

【注意】 同一化学反应，用不同的反应物或生成物的浓度变化来表示其反应速率时，其结果不同。

2. 影响化学反应速率的因素

化学反应速率的快慢，首先取决于反应物的性质。氢与氟在低温、暗处发生爆炸反应；氢与氯则需要光照或加热才能化合。其次，浓度、压力、温度、催化剂等外界条件对反应速率也有不可忽略的影响。

（1）浓度对反应速率的影响

① 基元反应与非基元反应　反应方程式只能表示反应物与生成物之间的数量关系，不能表示反应进行的实际过程。一步就能完成的反应称为基元反应。例如：

$$2NO_2 \longrightarrow 2NO+O_2$$

经过两步或两步以上才能完成的反应称为非基元反应。例如：

$$H_2(g)+I_2(g) \longrightarrow 2HI(g)$$

反应分两步进行，每一步均为基元反应：

第一步　　　　　　　　　$I_2(g) \longrightarrow 2I(g)$

第二步　　　　　　　　　$H_2+2I(g) \longrightarrow 2HI(g)$

② 基元反应速率方程——质量作用定律　一定温度下，基元反应的反应速率与各反应物浓度的幂次方乘积成正比，其中各反应物浓度的幂指数为基元反应方程式中各反应物的分子数，这种定量关系称为质量作用定律。

对于一般的基元反应　　　$aA+bB \longrightarrow dD+Gg$

其速率方程为：

$$v=k\,c_A^a\,c_B^b \tag{2-8}$$

式中，k 是反应的速率常数，是反应在一定温度下的特征常数，其大小取决于反应的本质。

由质量作用定律可知：在一定温度下，随反应物浓度的增加，反应速率增大。

应用质量作用定律应注意：质量作用定律只适用于基元反应。对于非基元反应，反应物浓度的指数只能由实验确定。

速率常数与温度、催化剂有关，不随浓度的变化而变化。

反应中反应物浓度几乎不变的物质（如固体），不出现在速率方程式中。

（2）压力对反应速率的影响

压力的影响实质上是浓度的影响。对于有气体参加的反应，温度不变时，增大压力，气体体积减小，单位体积内气体分子数增多，即气体的浓度会增大，反应速率加快。反之，降低压力，气体物质的浓度减小，反应速率减慢。

如果参加反应的物质是固体或液体时，压力的改变对其浓度影响极小，因此可以认为压力不会影响反应速率。

（3）温度对反应速率的影响

温度对反应速率的影响很明显。一般，升高温度，反应速率增大；降低温度，反应速率会减小。温度对反应速率的影响，表现在反应速率常数上。

1884 年，范特霍夫根据温度对反应速率影响的实验，归纳了一条经验的近似规则：如果反应物的浓度一定，温度每升高 10K，反应速率约扩大 2～4 倍。

无论吸热反应还是放热反应，温度升高时都能加快化学反应速率。但是，一般吸热反应速率比放热反应速率增大的倍数要大。

在生产和生活中，常常利用改变温度来控制反应速率的快慢。

（4）催化剂对反应速率的影响

凡能改变反应速率而其本身的组成、质量、化学性质在反应前后保持不变的物质，称为催化剂。

催化剂改变化学反应速率的作用叫催化作用。凡能加快反应速率的催化剂叫正催化剂，凡能减慢反应速率的催化剂叫负催化剂。一般提到催化剂，若不明确指出是负催化剂时，则指正催化剂。

催化剂之所以能加快反应速率，是由于催化剂改变了反应的途径，降低反应所需的能量，使更多的反应物分子成为活化分子，从而加快反应速率。在影响反应速率的主要外界因素中，催化剂的作用要比其他因素显著。

在现今的化工生产中，使用催化剂的现象十分普遍。石油化工、新能源、新材料、药物合成等都离不开催化剂。现代化学工业中，使用催化剂的反应占 85%。可见催化剂在现代化工工业中具有极其重要的意义。其主要特征如下。

① 催化剂只能对可能发生的反应起加速作用，不可能发生的反应，催化剂并不起作用。

② 催化剂不能改变反应的方向以及反应进行的程度——平衡状态，但它能同时加快正、逆反应的速率，缩短到达平衡所需的时间。

③ 催化剂是有选择性的。不同类型的化学反应需要不同的催化剂。例如合成氨使用铁作催化剂；SO_2 氧化为 SO_3，需用 V_2O_5 作催化剂。催化剂的选择性还表现在，对于同样的反应物，选用不同的催化剂，会生成多种不同的产物。

④ 每种催化剂只有在特定的条件下才能体现出它的催化活性，否则将降低或失去催化作用，这种现象叫做催化剂的中毒。

（5）其他因素对反应速率的影响

在非均匀系统中进行的反应，如固体和液体、固体和气体或液体和气体的反应等，除了上述因素外，反应速率还与反应物接触面的大小和接触机会有关。例如生产上常把固态物质破碎成小颗粒或磨成细粉，将液态物质淋洒成滴流或喷成雾状的微小液滴，以增大反应物之间的接触面，提高反应速率。工业上通常通过搅拌、振荡等方法来加速扩散过程，使反应速率增大。此外，生成物及时离开反应物界面也能增大反应速率。超声波、紫外线、激光、高能射线等会对某些反应的速率产生影响。

二、天然水体中的沉淀-溶解平衡

溶解和沉淀是污染物在水环境中迁移的重要途径，因此成为水处理过程中极为重要的现象。天然水的化学组成因矿物质的溶解和这些矿物质固体从饱和溶液中沉淀出来而有所变化。一些金属化合物在水中的迁移能力可以直观地用溶解度来衡量，溶解度越大，迁移能力越大；反之则小。但物质在天然水体中各种矿物质的溶解常为多相化学反应的固-液平衡体系，所以常用溶度积来表征溶解度。天然水中各种矿物质的溶解-沉淀作用也遵守溶度积规则。

1. 沉淀溶解平衡与溶度积常数

按溶解度大小，电解质分为易溶和难溶电解质，溶解度小于 $0.01g/100g\ H_2O$ 的电解质称为难溶电解质。

例如，$BaSO_4$ 是难溶电解质，溶于水时，晶体表面的 Ba^{2+}、SO_4^{2-} 受水分子作用，离开晶体进入水中，这一过程为溶解。同时，溶液中的 Ba^{2+}、SO_4^{2-} 相互碰撞，又结合为 $BaSO_4$，这一过程称为沉淀或结晶。在一定温度下，溶解速度与沉淀速度相等时，未溶解的晶体和溶液中的离子之间就建立了动态平衡，它服从化学平衡一般规律，称为沉淀溶解平衡。

$$BaSO_4(s) \Longrightarrow Ba^{2+} + SO_4^{2-}$$

根据平衡原理，有

$$K_{sp} = [Ba^{2+}][SO_4^{2-}]$$

式中，$[Ba^{2+}]$、$[SO_4^{2-}]$ 为饱和溶液中 Ba^{2+}、SO_4^{2-} 的浓度（mol/L）。

$$A^m B^n(s) \Longrightarrow m A^{n+} + n B^{m-}$$

$$K_{sp} = [A^{n+}]^m \cdot [B^{m-}]^n \tag{2-9}$$

K_{sp} 为难溶电解质的溶度积常数，简称溶度积。它表示在难溶电解质的饱和溶液中，以系数为乘幂的离子浓度的乘积。溶度积是温度的函数，但是一般情况下温度对 K_{sp} 的影响不大，常用 298.15K 下的数值。

2. 溶度积及其应用

（1）溶度积与溶解度之间的换算

溶度积（K_{sp}）与溶解度（S）都能表示难溶电解质的溶解能力，因此两者可以相互换算。但是注意，换算时要求溶解度的单位为 mol/L。

【例 2-1】 已知 $BaSO_4$ 在 298.15K 时的溶度积为 1.08×10^{-10}，求该温度下 $BaSO_4$ 的溶解度。

解 设 $BaSO_4$ 的溶解度为 x mol/L，在饱和溶液中有平衡：

$$BaSO_4(s) \Longrightarrow Ba^{2+} + SO_4^{2-}$$

平衡时的浓度/（mol/L）　　　　　　　　x　　　x

$$K_{sp} = [Ba^{2+}][SO_4^{2-}] = x \cdot x = x^2$$

所以

$$x = 1.04 \times 10^{-5}\,mol/L$$

【**例 2-2**】 已知 Ag_2CrO_4 在 298.15K 时的溶解度为 $6.5 \times 10^{-5} \, mol/L$，求该温度下 Ag_2CrO_4 的溶度积。

解 Ag_2CrO_4 的饱和溶液中有平衡：

$$Ag_2CrO_4(s) \rightleftharpoons 2Ag^+ + CrO_4^{2-}$$

平衡时的浓度/(mol/L) $2s$ s

$$K_{sp} = [Ag^+]^2 [CrO_4^{2-}] = (2s)^2 \cdot s = 4 \times (6.5 \times 10^{-5})^3 = 1.1 \times 10^{-12}$$

所以，Ag_2CrO_4 在 298.15K 时的溶度积为 1.1×10^{-12}。

（2）溶度积规则

难溶电解质的沉淀溶解平衡是动态平衡，随条件的改变，平衡会发生移动。在一给定的难溶电解质溶液中，它们的离子浓度的乘积和溶度积之间存在三种可能情况。

① $Q_i = K_{sp}$，此时难溶电解质达到沉淀溶解平衡状态，溶液是饱和溶液。

② $Q_i > K_{sp}$，溶液中将析出沉淀，直到溶液中的 $Q_i = K_{sp}$ 为止。

③ $Q_i < K_{sp}$，溶液为不饱和溶液，将足量的难溶电解质固体放入此溶液中，固体将溶解，直到溶液中 $Q_i = K_{sp}$ 时，溶液达到饱和。

上述内容就是溶度积规则，根据溶度积规则，可以判断溶液中沉淀的生成和溶解。这里注意离子积 Q_i 是非平衡状态下离子浓度的乘积，所以 Q_i 值不固定。

任务三 目测比较不同水体溶解氧含量

一、知识目标

1. 了解碘量法测定溶解氧的基本原理；
2. 了解碘量法测定溶解氧的基本步骤。

二、能力目标

1. 能够用虹吸法正确采集水样；
2. 能够通过溶解氧测定过程产生的现象初步判断比较溶解氧的大小。

三、任务准备

1. 实验试剂

① 硫酸锰溶液：溶解 480g 分析纯硫酸锰（$MnSO_4 \cdot H_2O$）溶于蒸馏水中，

过滤后稀释成 1L。

　　② 碱性碘化钾溶液：取 500g 分析纯氢氧化钠溶解于 300～400mL 蒸馏水中（如氢氧化钠溶液表面吸收二氧化碳生成了碳酸钠，此时如有沉淀生成，可过滤除去）。另取 150g 碘化钾溶解于 200mL 蒸馏水中。将上述两种溶液合并，加蒸馏水稀释至 1L。

　　③ 浓硫酸。

2. 仪器

溶解氧瓶（250mL）、洗耳球、移液管、虹吸管等。

四、任务实施

1. 水样的采集

虹吸法取样：用溶解氧瓶采取河水、池塘水或湖水（水面下 10cm 左右），使水样充满 250mL 的磨口瓶中，用尖嘴塞慢慢盖上，不留气泡。至少采集 2 个不同地方的水样（为了保证实验效果，教师可事先准备已充氧的水样供学生采集）。

【注意】 采水样前先淌洗溶解氧瓶，采样过程中不能产生气泡，运送到实验室过程中尽量不振荡水样。

2. 溶解氧的固定

用移液管吸取硫酸锰溶液 1mL 插入瓶内液面下，缓慢放出溶液于溶解氧瓶中。

3. 溶解氧的释放

取另一只移液管，往水样中加入 2mL 碱性碘化钾溶液，盖紧瓶塞，将瓶颠倒振摇使之充分摇匀。此时，水样中的氧被固定生成锰酸锰（$MnMnO_3$）棕色沉淀。此时，观察不同水样中产生的沉淀物的颜色和数量。

4. 酸化-碘析出

往水样中加入 2mL 浓硫酸，盖上瓶塞，摇匀，直至沉淀物完全溶解为止（若没全溶解还可再加少量的浓酸）。此时，溶液中有 I_2 产生，将瓶在阴暗处放 5min，使 I_2 全部析出来。此时，观察产生的溶液的颜色深浅。

5. 撰写并提交任务实施的总结报告

 【相关知识】

地球各圈层都是富氧的，地球表面众多物质，如矿石、木材、有机物、金属及水体中各种溶解物都有通过风化、燃烧、酶促反应等过程而被氧化的倾向。同时有一个极为重要的与之相反的物质还原过程，这就是光合作用。由于这两方面作用过程，组成了自然界的基本氧化还原循环。

一、氧化数

氧化数又叫氧化值，1970 年国际纯粹和应用化学联合会（IUPAC）较严格地定义了氧化数的概念：氧化数是指某元素一个原子的表观电荷数（apparent charg number），这个电荷数的确定，是假设把每一个化学键中的电子指定给电负性更大的原子而求得。

确定氧化数的一般规则如下。

① 在单质中（如 Fe，O_2 等），元素的氧化数为零。

② 在中性分子中各元素的氧化数的代数和为零。在多原子离子中各元素的氧化数的代数和等于离子的电荷。

③ 在共价化合物中，共用电子对偏向于电负性大的元素的原子，原子的"形式电荷数"即为它们的氧化数，如 HCl 中 H 的氧化数为 +1，Cl 为 −1。

④ 氧在化合物中的氧化数一般为 −2；在过氧化物（如 H_2O_2、Na_2O_2 等）中为 −1；在超氧化合物（如 KO_2）中为 −1/2；在 OF_2 中为 +2。

⑤ 氢在化合物中的氧化数一般为 +1，仅在与活泼金属生成的离子型氢化物（如 NaH、CaH_2）中为 −1。

⑥ 所有卤化物中卤素的氧化数均为 −1。

⑦ 碱金属、碱土金属在化合物中的氧化数分别为 +1、+2。

二、氧化还原反应和平衡

1. 氧化还原反应

从本质意义说，氧化还原反应涉及均一水相中电子迁移过程。其反应物中变价元素的价态发生了变化。经此变化后，物质的环境化学行为有异于原反应物，常表现为溶解度、配合物形成能力、酸碱反应性等方面差异。由此打破体系原有化学平衡，并进一步引起通常发生在变价产物与水（或 H^+、OH^-）之间的反应，从而形成更新的产物。

氧化还原反应关系氧化剂和还原剂两方。在发生电子迁移的过程中，总是还原剂失去电子，氧化剂获取电子。要完成这个反应过程，两方缺一不可。例如下列反应中

$$NH_4^+ + 2O_2 \longrightarrow NO_3^- + H_2O + 2H^+$$

NH_4^+ 中的 N（价态为 −3）因失去电子而被氧化转为 NO_3^- 中的 N（价态为 +5），O_2 因获得电子而被还原至（−2）价态，并进一步与 H^+ 结合成水分子。由

于水溶液中不存在自由电子，所以在反应表达式中没有出现 e^-。

2. 氧化还原电对

在氧化还原反应中，失去电子的过程称为氧化，失去电子的物种为还原剂，还原剂失电子后即为其氧化产物；得到电子的过程称为还原，得电子物种为氧化剂，氧化剂得电子后即为其还原产物。氧化与还原必然同时发生。例如：

$$Fe + Cu^{2+} \longrightarrow Fe^{2+} + Cu$$

此反应可表示为两部分：

$$Fe \longrightarrow Fe^{2+} + 2e^- \qquad\qquad\qquad (a)$$

$$Cu^{2+} + 2e^- \longrightarrow Cu \qquad\qquad\qquad (b)$$

反应式（a）、式（b）都称为半反应。式（a）中 Fe 失去两个电子，氧化值由 0 升到 +2，此过程称为氧化，Fe 为还原剂，Fe^{2+} 为其氧化产物；式（b）中 Cu^{2+} 得到两个电子，氧化值由 +2 降至 0，此过程称为还原，Cu^{2+} 为氧化剂，Cu 为其还原产物。氧化还原则是两个半反应之和。

从上式可以看出，每个半反应中包括着同一种元素的两种不同氧化态物种，如 Fe^{2+} 和 Fe；Cu^{2+} 和 Cu。它们被称为氧化还原电对，简称电对。电对中氧化值大的物种为氧化型，氧化值较小的物种为还原型，通常用氧化型/还原型表示电对。上列的电对为 Fe^{2+}/Fe 和 Cu^{2+}/Cu。半反应式可表示为：

$$氧化型 + ne^- \rightleftharpoons 还原型$$

任一氧化还原反应至少包含两个电对，有时多于两个电对。氧化还原反应进行的程度与相关氧化剂和还原剂强弱有关，氧化剂和还原剂的强弱可用其有关电对的电极电势（$E^\ominus$）高低来衡量。

电极电势表（见表 2-1）有以下特点。

① 一般采用电极反应的还原电势，每一电极的电极反应均写成还原反应形式，即：氧化型 + ne^- ⇌ 还原型，因此，电极电势是还原电势。

② 标准电极电势是平衡电势，每个电对 $E^\ominus$ 值的正负号，不随电极反应进行的方向而改变。

③ $E^\ominus$ 值的大小可用以判断在标准状态下电对中氧化型物质的氧化能力和还原型物质的还原能力的相对强弱，数值越"正"，说明氧化态物质获得电子或氧化能力越强，即氧化能力自上而下依次增强。反之，数值越"负"，说明还原态物质失去电子或者还原能力越强，即还原性自下而上增强。$E^\ominus$ 与参与电极反应物质的数量无关，无加和性。例如：

$$I_2 + 2e^- = 2I^- \qquad E^\ominus = +0.5355V$$

$$\frac{1}{2}I_2 + e^- = I^- \qquad E^\ominus = +0.5355V$$

④ $E^\ominus$ 值仅适合于标准态时水溶液的电极反应。对于非水、高温、固相反应，则不适合。

⑤ 氧化还原反应与介质的酸碱性有关，电对的 $E^\ominus$ 值也与介质的酸碱性有关。因此，电极电势表有酸表和碱表之分，$E_A^\ominus$ 表示酸性（H^+ 的浓度为 1mol/L）$E_B^\ominus$ 表示碱性（OH^- 的浓度为 1mol/L）。若有 H^+ 参加反应，应查酸表，反之，则查碱表。

表 2-1　电极电势表

	氧化型 + ne^- ⇌ 还原型	$E_A^\ominus$/V	
氧化型的氧化能力增强	$Li^+ + e^- \rightleftharpoons Li$	−3.045	还原型的还原能力逐渐增强
	$Na^+ + e^- \rightleftharpoons Na$	−2.714	
	$Mg^{2+} + 2e^- \rightleftharpoons Mg$	−2.37	
	$Zn^{2+} + 2e^- \rightleftharpoons Zn$	−0.763	
	$Fe^{3+} + 3e^- \rightleftharpoons Fe$	−0.44	
	$Sn^{2+} + 2e^- \rightleftharpoons Sn$	−0.136	
	$Pb^{2+} + 2e^- \rightleftharpoons Pb$	−0.126	
	$2H^+ + e^- \rightleftharpoons H_2$	0	
	$Cu^{2+} + 2e^- \rightleftharpoons Cu$	0.337	
	$I_2 + 2e^- \rightleftharpoons 2I^-$	0.5345	
	$Ag^+ + e^- \rightleftharpoons Ag$	0.799	
	$Br_2 + 2e^- \rightleftharpoons 2Br^-$	1.065	
	$Cl_2 + 2e^- \rightleftharpoons 2Cl^-$	1.36	
	$MnO_4^- + 8H^+ + 5e^- \rightleftharpoons Mn^{2+} + 4H_2O$	1.51	
	$F_2 + 2e^- \rightleftharpoons 2F^-$	2.87	

三、天然水中的氧化还原反应

地球化学通常根据环境所存有游离氧（O_2）量的多少，将环境划分为氧化环境或还原环境。氧化环境指大气、土壤和水环境中含有一定量游离氧的区域，不含游离氧或游离氧含量极低的区域称为还原环境。通常将含溶解氧丰富的水称为处于氧化状态的水，即其属氧化环境。一般未受到人类活动的干扰、与外界交换良好的天然水域，均为处于氧化状态的水环境。反之，则属还原性环境。如果池塘采用过高放苗密度和高投饵量的养殖方法，同时又不能充分地增氧与适时地排出污物，必将使池水溶解氧含量降低到极低值，特别是处于高温季节的池塘底层水可能转化为还原性环境。此外，含丰富有机质的沼泽水、地下水以及封闭或半闭的海湾底层等水域，也常呈还原状态。

在含溶解氧丰富的氧化水环境与缺氧的还原水环境中，常见变价元素的主要存在形态列于表 2-2。由表 2-2 可知，变价元素可同时以多种价态形式存在于水环境中，但在不同的水环境中，其主要的存在价态形式不同。如氮元素，在富含溶氧水的氧化环境中，主要以最高价（＋5）的 NO_3^- 形态存在，即其含量最高；在溶氧量极低、甚至缺氧的还原性水环境中，NH_4^+（NH_3）的含量较高，即氮以最低价（−3）的 NH_3（NH_4^+）为主要存在形态，NO_3^- 含量很低，甚至可能无法检出。

天然水是一种极为复杂的氧化还原体系，其中同时存有多种处于氧化态与还原态的物质，如随雨水、河水等流入天然水域的风化壳、土壤和沉积物中的矿物质均为氧化态。来源于火成岩风化产物的矿物质在其形成时，所含有的成分均被完全氧化，因此这些成分中的元素存在形态也多为氧化态。水中也有一些元素主要以还原态存在，如海水中的氯、溴元素主要以低价的 Cl^-、Br^- 形态存在。但天然水域中的多数无机物通常以氧化态形式存在。

天然水环境中的有机物主要来源于绿色植物与淋洗土壤的雨水，但在养殖池水中，情况则复杂得多，残饵与生物的粪便、尸体等代谢产物则是水中有机物的重要来源。水环境中通过光合作用生成绿色植物，在光合作用过程中，含氧化合物一面释放出氧，一面接受了氢，可见，此是一种还原作用，这就决定了有机物质以还原态存在。

在适当的条件下，天然水环境中处于氧化态的无机物可以被还原，同样在适当的条件下，处于还原态的无机物或有机物也可以被氧化。此是天然水环境中氧化还原作用存在的基础。

天然水环境中常见处于氧化态的物质有：O_2、SO_4^{2-}、NO_3^-、PO_4^{3-} 以及 Fe^{3+}、Mn^{4+}、Cu^{2+}、Zn^{2+} 等金属离子；天然水环境中常见处于还原态的无机物质有：Cl^-、Br^-、F^-、N_2、NH_3（NH_4^+）、NO_2^-、H_2S、CH_4 等。不同氧化还原水环境中常见元素的存在形态见表2-2。如果水环境严重缺氧，有机物分解的最终还原性产物为以下物质：NH_3、H_2S、CH_4 等。有机物在不同环境条件下的分解产物详见表2-3。还应指出，有些元素常以多种价态形式同时存在于水环境中，如天然水域和养殖池水中的氮元素通常有4种存在形式：NO_3^-、NO_2^-、N_2、NH_3（NH_4^+），在一般未受污染的天然水中，若溶解氧丰富，氮元素主要以高价（＋5）的 NO_3^- 形态存在。

表 2-2 不同氧化还原水环境中常见元素的存在形态

常见元素	氧化环境	还原环境
C	CO_2,HCO_3^-,CO_3^{2-}	CH_4,CO
N	NO_3^-,NO_2^-,N_2,NH_3	NH_3,N_2
S	SO_4^{2-}	H_2S,HS^-,S^{2-}
Fe	Fe^{3+}	Fe^{2+}
Mn	Mn^{4+}	Mn^{2+}
Cu	Cu^{2+}	Cu^+

表 2-3　不同氧化还原条件下有机物的分解产物

有机物中的元素	氧化条件下的分解产物	还原条件下的分解产物
C	CO_2	CH_4,CO
N	NO_2^-,NO_3^-	N_2,NH_3,NO
S	SO_4^{2-}	H_2S
P	PO_4^{3-}	PH_3
Fe	Fe^{3+}	Fe^{2+}
Mn	Mn^{4+}	Mn^{2+}
Cu	Cu^{2+}	Cu^+

　　天然水域中仅有 O、C、N、S、Fe、Mn 等元素明显地参加体系的氧化还原反应，即水中所进行的主要氧化还原反应也主要在含有这些元素的物质之间进行。下面为天然水域中不同环境条件下主要的氧化还原半反应：

$$(1) \qquad \frac{1}{4}O_2(g) + H^+ + e^- = \frac{1}{2}H_2O$$

$$(2) \qquad \frac{1}{5}NO_3^- + \frac{6}{5}H^+ + e^- = \frac{1}{10}N_2(g) + \frac{3}{5}H_2O$$

$$(3) \quad \frac{1}{2}MnO_2(s) + \frac{1}{2}HCO_3^- + \frac{3}{2}H^+ + e^- = \frac{1}{2}MnCO_3(s) + H_2O$$

$$(4) \qquad \frac{1}{2}NO_3^- + H^+ + e^- = \frac{1}{2}NO_2^- + \frac{1}{2}H_2O$$

$$(5) \qquad \frac{1}{8}NO_3^- + \frac{5}{4}H^+ + e^- = \frac{1}{8}NH_4^+ + \frac{3}{8}H_2O$$

$$(6) \qquad \frac{1}{8}NO_3^- + \frac{5}{4}H^+ + e^- = \frac{1}{8}NH_4^+ + \frac{3}{8}H_2O$$

$$(7) \qquad FeOOH(s) + HCO_3^- + 2H^+ + e^- = FeCO_3(s) + 2H_2O$$

$$(8) \qquad \frac{1}{6}SO_4^{2-} + \frac{4}{3}H^+ + e^- = \frac{1}{6}S(s) + \frac{2}{3}H_2O$$

$$(9) \qquad \frac{1}{8}SO_4^{2-} + \frac{5}{4}H^+ + e^- = \frac{1}{8}H_2S(g) + \frac{1}{2}H_2O$$

$$(10) \qquad \frac{1}{8}SO_4^{2-} + \frac{9}{8}H^+ + e^- = \frac{1}{8}HS^- + \frac{1}{2}H_2O$$

$$(11) \quad \frac{1}{4}CH_2O(有机物) + H^+ + e^- = \frac{1}{4}CH_4(g) + \frac{1}{4}H_2O$$

　　水环境中物质氧化能力的强弱取决于其夺取电子的能力与浓度的高低。显然，在天然水域中上述氧化还原半反应中 O_2/H_2O 电对反应的氧化能力最强，因氧夺取电子的能力仅次于氟，且在水中又具有较高的浓度。因此，在富含溶解氧的水中，H_2S、Fe^{2+}、Mn^{2+}等均可被氧化，这也是在含溶解氧丰富的天然水中，大部分元素以高价氧化态存在的原因。如碳主要以高价（+4）的形态（CO_2，HCO_3^-，CO_3^{2-}）存在，硫主要以高价（+6）的形态（SO_4^{2-}）存在；氮主要以高价（5+）的形态（NO_3^-）存在；Fe以高价（+3）的形态（FeOOH或Fe_2O_3）存在；Mn以高价（+4）的形态（MnO_2）存在；同时N_2和有机物可在含溶解氧丰富的水环境中存在。

　　天然水域中的许多氧化还原反应是缓慢的，海洋或湖泊中，在与大气相接触的表层水和沉积物的最深层之间，氧化还原环境有着显著的差别。在两者之间存有一系列的局部中间区域，这是由于各水层中均存有这样或那样的化学反应和各种生物的代谢活动，而各水层之间难以及时得到彻底或充分的混合，此势必导致不同水层存有不同的氧化还原环境，而且基本均未处于平衡状态。在天然水体中，所遇到的大多数氧化还原过程都需要有生物作媒介，这意味着达到平衡状态也强烈地依赖于生物体活动。但是，尽管某水体总的氧化还原平衡难以达到，但部分平衡却时常可接近于达到。通过对水体氧化还原平衡的研究，可以了解水体的环境状况，了解水环境中物质的存在形态、迁移转化机理与过程等，因此研究水体的氧化还原平衡仍具有实际意义。

 # 任务四　测定水的硬度

一、知识目标

1. 了解水硬度的定义及其表示方法；
2. 了解水硬度测定的环境学意义；
3. 掌握利用钙指示剂颜色变化判断终点的方法。

二、能力目标

1. 能正确操作 EDTA 法测定水的硬度；
2. 能将测定结果转化为相应的硬度表示方法。

三、任务准备

1. 试剂

① 缓冲溶液（pH=10）　称取 1.25g EDTA 二钠镁（$C_{10}H_{12}N_2O_8Na_2Mg$）和

16.9g 氯化铵（NH_4Cl）溶于 143mL 浓氨水（$NH_3 \cdot H_2O$）中，用水稀释至 250mL。用时需检验是否达到要求。

② EDTA 二钠标准溶液（约 10mmol/L） 将一份 EDTA 二钠二水合物在 80℃干燥 2h，放入干燥器中冷至室温，称取 3.725g 溶于水，在容量瓶中定容至 1000mL，盛放在聚乙烯瓶中，定期用钙标准溶液标定其浓度。

标定方法为：取 20.0mL 钙标准溶液稀释至 50mL，再进行标定。

EDTA 二钠溶液的浓度 c_1（mmol/L）用下式计算：

$$c_1 = c_2 V_2 / V_1 \tag{2-10}$$

式中　c_2——钙标准溶液的浓度，mmol/L；

　　　V_2——钙标准溶液的体积，mL；

　　　V_1——标定中消耗的 EDTA 二钠溶液体积，mL。

③ 钙标准溶液（10mmol/L） 将碳酸钙（$CaCO_3$）在 150℃干燥 2h，取出放在干燥器中冷至室温，称取 1.001g 于 50mL 锥形瓶中，用水润湿。逐滴加入 4mol/L 盐酸至碳酸钙全部溶解，避免滴入过量酸。加 200mL 水，煮沸数分钟赶除二氧化碳，冷至室温，加入数滴甲基红指示剂溶液（0.1g 溶于 100mL 60％乙醇），逐滴加入 3mol/L 氨水至变为橙色，在容量瓶中定容至 1000mL。此溶液 1.00mL 含 0.4008mg（0.01mmol）钙。

④ 铬黑 T 指示剂 将 0.5g 铬黑 T 溶于 100mL 三乙醇胺，可最多用 25mL 乙醇代替三乙醇胺以减少溶液的黏性，盛放在棕色瓶中。或者配成铬黑 T 指示剂干粉，称取 0.5g 铬黑 T 与 100g 氯化钠充分混合，研磨后通过 40~50 目，盛放在棕色瓶中，紧塞。

⑤ 氢氧化钠（2mol/L 溶液） 将 8g 氢氧化钠（NaOH）溶于 100mL 新鲜蒸馏水中。盛放在聚乙烯瓶中，避免空气中二氧化碳的污染。

⑥ 氰化钠（NaCN） 氰化钠是剧毒品，取用和处置时必须十分谨慎小心，采取必要的防护。含氰化钠的溶液不可酸化。

⑦ 三乙醇胺。

2. 仪器

电子天平、干燥器、滴定管、容量瓶及其他常用实验室仪器。

四、任务实施

1. 采样和样品保存

采集水样可用硬质玻璃瓶（或聚乙烯容器），采样前先将瓶洗净。采样时用水冲洗 3 次，再采集于瓶中。

采集自来水及有抽水设备的井水时，应先放水数分钟，使积留在水管中的杂质流出，然后将水样收集于瓶中，采集无抽水设备的井水或江、河、湖等地面水时，可将采样设备浸入水中，使采样瓶口位于水面下 20～30cm，然后拉开瓶塞使水进入瓶中。

水样采集后（尽快送往实验室），应于 24h 内完成测定。否则，每升水样中应加 2mL 浓硝酸作保存剂（使 pH 降至 1.5 左右）。

2. 试样的制备

一般样品不需预处理。如样品中存在大量微小颗粒物，需在采样后尽快用 0.45μm 孔径滤器过滤。样品经过滤，可能有少量钙和镁被滤除。

试样中钙和镁总量超出 3.6mmol/L 时，应稀释至低于此浓度，记录稀释因子 F。

如试样经过酸化保存，可用计算量的氢氧化钠溶液中和。计算结果时，应把样品或试样由于加酸或碱的稀释考虑在内。

3. 测定

用移液管吸取 50.0mL 试样于 250mL 锥形瓶中，加 4mL 缓冲溶液和 3 滴铬黑 T 指示剂溶液或 50～100mg 指示剂干粉，此时溶液应呈紫红或紫色，其 pH 值应为 10.0±0.1。为防止产生沉淀，应立即在不断振摇下，自滴定管加入 EDTA 二钠溶液。开始滴定时速度宜稍快，接近终点时应稍慢，并充分振摇，最好每滴间隔 2～3s，溶液的颜色由紫红或紫色逐渐转为蓝色，在最后一点紫的色调消失，刚出现天蓝色时即为终点，整个滴定过程应在 5min 内完成。记录消耗 EDTA 二钠溶液的体积。

4. 结果计算

钙和镁总量 c(mmol/L) 用下式计算：

$$c = c_1 V_1 / V_0 \tag{2-11}$$

式中　c_1—— EDTA 二钠溶液浓度，mmol/L；

　　　V_1—— 滴定中消耗 EDTA 二钠溶液的体积，mL；

　　　V_0—— 试样体积，mL。

如试样经过稀释，采用稀释因子 F 修正计算。

1mmol/L 的钙镁总量相当于 100.1mg/L 以 $CaCO_3$ 表示的硬度。

5. 撰写并提交任务实施的总结报告

 【相关知识】

一、水的硬度

水的硬度是指水中离子沉淀肥皂的能力。硬度分为总硬度、碳酸盐硬度和非碳酸盐硬度。

碳酸盐硬度（又称暂时硬度），主要化学成分是钙、镁的重碳酸盐，其次是钙、镁的碳酸盐。由于这些盐类一经加热煮沸就分解成为溶解度很小的碳酸盐，硬度大部分可除去，故又称暂时硬度。

非碳酸盐硬度（又称永久硬度），表示水中钙、镁的氯化物、硫酸盐、硝酸盐等盐类的含量。这些盐类经加热煮沸不会产生沉淀，硬度不变化，故又称永久硬度。

水硬度的表示方法很多，在我国主要采用两种表示方法。①以度计：以每升水中含 10mg CaO 为 1 度，也称为德国度。②用 $CaCO_3$ 含量表示，单位 mg/L。

水的硬度决定于水中钙、镁盐的总含量。即水的硬度大小，通常反映的是水中钙离子和镁离子盐类的含量。常用 EDTA 滴定法测定水中的钙、镁总量。

测定原理为：在 pH＝10 的条件下，用 EDTA 溶液配合滴定钙和镁离子，铬黑 T 作指示剂，与钙和镁生成紫红或紫色溶液。滴定中，游离的钙和镁离子首先与 EDTA 反应，跟指示剂配合的钙和镁离子随后与 EDTA 反应，到达终点时溶液的颜色由紫色变为天蓝色。

1mmol/L 的钙镁总量相当于 100.1mg/L 以 $CaCO_3$ 表示的硬度。

硬度的表示方法：

德国硬度——1 德国硬度相当于 CaO 含量为 10mg/L 或为 0.178mmol/L。

英国硬度——1 英国硬度相当于 $CaCO_3$ 含量为 0.143mmol/L。

法国硬度——1 法国硬度相当于 $CaCO_3$ 含量为 10mg/L 或为 0.1mmol/L。

美国硬度——1 美国硬度相当于 $CaCO_3$ 含量为 1mg/L 或为 0.01mmol/L。

二、配位键

配位键，又称配位共价键，或简称配键，是一种特殊的共价键。当共价键中共用的电子对是由其中一原子独自提供，另一原子提供空轨道时，就形成配位键。配位键形成后，就与一般共价键无异。成键的两原子间共享的两个电子不是由两原子各提供一个，而是来自一个原子。

三、配位化合物和平衡

无论是淡水还是海水，由于离子的配合、水解、吸附、沉淀、氧化和还原等反应的存在，而使水体中存在的平衡十分复杂。人们在研究污染物在水体中的产生、迁移、转化、影响和归趋规律以及如何控制污染和恢复水体的实践中逐步认识到，污染物特别是重金属，大部分以配合物形态存在于水体中，其迁移、转化及毒性等均与配合作用有密切关系。据估计，进入环境的配合物已达1000万种之多。天然水体中某些阳离子是良好的配合物中心体，某些阴离子则可作为配位体，它们之间的配合作用和反应速率等的概念和机理，可以应用配合物化学基本原理予以描述。

1. 配合物的定义

含有配位键的化合物，简称配合物。配位化合物具有较为复杂的结构，是现代无机化学重要的研究对象。配位化合物具有多种独特的性能，在分析化学、生物化学、电化学、催化动力学等方面有着广泛的应用，在科学研究和生产实践中日益起着越来越重要的作用。工业分析、催化、金属的分离和提取、电镀、环保、医药工业、印染工业、化学纤维工业以及生命科学、人体健康等，无一不与配位化合物密切相关。这一领域的发展，已经形成了一门独立的分支学科——配位化学。

2. 配合物的组成

配位化合物是一类复杂的化合物，它们都含有复杂的配位单元。例如在$CuSO_4$溶液中加少量氨水，生成浅蓝色$Cu(OH)_2$沉淀，再加入氨水，沉淀溶解变成深蓝色溶液，加入乙醇，降低溶解度，得到深蓝色晶体，该晶体经元素分析，得知含Cu^{2+}、SO_4^{2-}、$4NH_3$、H_2O；取深蓝色溶液，加$BaCl_2$，生成白色$BaSO_4$沉淀，说明存在SO_4^{2-}，加少量$NaOH$，无$Cu(OH)_2$沉淀和NH_3产生，说明溶液中不存在Cu^{2+}和NH_3分子，从而分析其结构为：$[Cu(NH_3)_4]SO_4 \cdot H_2O$，$[Cu(NH_3)_4]SO_4$即为配合物。

（1）配离子

$[Cu(NH_3)_4]SO_4$、$[Cu(H_2O)_4]SO_4$、$[Ag(NH_3)_2]Cl$这些化合物都含有在溶液中较难离解、可以像一个简单离子一样参加反应的复杂离子。这些由一个简单阳离子和一定数目的中性分子或阴离子以配位键相结合，所形成的具有一定特性的带电荷的复杂离子叫做配离子。

配离子可分为配阳离子（如$[Cu(NH_3)_4]^{2+}$、$[Ag(NH_3)_2]^+$等）和配阴离子（如$[PtCl_6]^{2-}$、$[Fe(CN)_6]^{4-}$等）。另外，还有一些不带电荷的电中性的复杂化合物，如$CoCl_3(NH_3)_3$、$Ni(CO)_4$、$Fe(CO)_5$等，也叫做配合物。

（2）内界和外界

配合物方括号中的复杂离子或分子都相当稳定，称为配合物的内界，如$[Cu(NH_3)_4]SO_4$和$K_4[Fe(CN)_6]$中$[Cu(NH_3)_4]^{2+}$、$[Fe(CN)_6]^{4-}$。外界指方括号以外的部分，可以是阴离子、阳离子。如$[Cu(NH_3)_4]SO_4$和$K_4[Fe(CN)_6]$

中的 SO_4^{2-} 和 K^+。内界和外界以离子键结合，在水溶液中可以电离。

（3）中心离子或中心原子

配合物的中心离子（或原子）位于配合物的中心，称为配合物的形成体，如配合物 $[Cu(NH_3)_4]SO_4$ 和 $K_4[Fe(CN)_6]$ 中的 Cu^{2+}、Fe^{2+}。

中心离子或中心原子必须具备两个条件：能够提供空轨道，以接受孤对电子；具有电荷高、半径小的特点。形成体通常是过渡金属原子或离子，也有少量是非金属离子，比如 $[SiF_6]^{2-}$ 中的 Si^{4+}。

图 2-1 为配合物结构示意图。

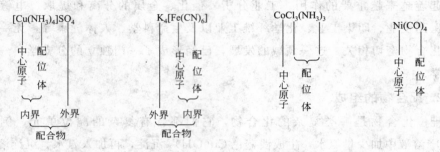

图 2-1　配合物结构示意图

（4）配位体与配位原子

结合在中心离子或者原子周围的一些中性分子或阴离子称为配位体，配位体的特征是能够提供孤对电子，具有孤对电子的分子或阴离子，可作为配位体。如 NH_3、H_2O、CO、OH^-、CN^-、X^-（卤素阴离子）等。与中心离子或原子直接成键的原子，称为配位原子。配位原子主要是那些电负性较大的 F、Cl、Br、I、O、S、N、P、C 等非金属元素的原子。如 $[Cu(NH_3)_4]^{2+}$ 中的配位体 NH_3 是由 N 原子与 Cu^{2+} 成键，配位原子是 N。只有一个配位原子的配位体称为单齿配位体，如 NH_3、H_2O 等。含有两个或两个以上的配位原子称为多齿配位体。如 $C_2O_4^{2-}$、乙二胺（$NH_2C_2H_4NH_2$，常缩写为 en）、NH_2CH_2COOH 等。多齿配体的多个配位原子可以同时与一个中心离子结合，所形成的配合物称为螯合物。

（5）配位数

与中心离子（或原子）直接以配位键相结合的配位原子的总数叫做该中心离子（或原子）的配位数。例如，在 $[Ag(NH_3)_2]^+$ 中，中心离子 Ag^+ 的配位数为 2；在 $[Fe(CN)_6]^{4-}$ 和 $CoCl_3(NH_3)_3$ 中，中心离子 Fe^{2+} 和 Co^{3+} 的配位数皆为 6。多齿配体的数目不等于中心离子的配位数。$[Pt(en)_2]^{2+}$ 中的 en 是双齿配体，因此 Pt^{2+} 的配位数不是 2 而是 4。

中心离子电荷与配位数之间有一定的关系，见表 2-4。

表 2-4 常见轨道杂化类型与配位化合物的空间构型

中心离子的电荷	+1	+2	+3	+4
特征配位数	2	4(或 6)	6(或 4)	6(或 8)

3. 配合物的命名

配位化合物的命名遵循 1979 年中国化学会无机化学专业委员会制定的汉语命名原则进行。命名时阴离子在前，阳离子在后，称为某化某或某酸某。

命名时按以下顺序进行：配体数目（用倍数词头二、三、四等表示）—配体名称—合—中心离子（或原子）（用罗马数字标明氧化数）

配位体的命名顺序为：有多种配位体时，阴离子配位体先于中性分子配位体，无机配位体先于有机配位体，简单配位体先于复杂配位体，同类配位体按配位原子元素符号的英文字母顺序排列。不同配位体名称之间以圆点"·"分开。举例如下。

（1）含配阳离子的配合物

$[Cu(NH_3)_4]SO_4$ 硫酸四氨合铜（Ⅱ）

$[Co(NH_3)_6]Cl_3$ 三氯化六氨合钴（Ⅲ）

$[CrCl_2(H_2O)_4]Cl$ 一氯化二氯·四水合铬（Ⅲ）

$[Co(NH_3)_5(H_2O)]Cl_3$ 三氯化五氨·一水合钴（Ⅲ）

（2）含配阴离子的配合物

$K_4[Fe(CN)_6]$ 六氰合铁（Ⅱ）酸钾

$K[PtCl_5(NH_3)]$ 五氯·一氨合铂（Ⅳ）酸钾

$K_2[SiF_6]$ 六氟合硅（Ⅳ）酸钾

（3）电中性配合物

$[Fe(CO)_5]$ 五羰基合铁

$[Co(NO_2)_3(NH_3)_3]$ 三硝基·三氨合钴（Ⅲ）

$[PtCl_4(NH_3)_2]$ 四氯·二氨合铂（Ⅳ）

4. 螯合物

（1）螯合物的概念

当多齿配位体中的多个配位原子同时和中心离子键合时，可形成具有环状结构的配合物，这类具有环状结构的配合物称为螯合物。多齿配位体称为螯合剂，螯合剂与中心离子的键合也称为螯合。螯合物所形成的五原子环和六原子环最稳定。

比如：乙二胺与 Cu^{2+} 反应生成 $[Cu(en)_2]^{2+}$，形成具有 2 个五原子环的螯合物。

乙二胺四乙酸（简称 EDTA）具有六个配位原子：

（2）螯合物的特性

① 稳定性比普通配合物高　螯合物比具有相同配位原子的非螯合物要稳定，在水中更难离解。因为要使螯合物完全离解为金属离子和配体，对于二齿配体所形成的螯合物，需要同时破坏两个键；对于三齿配体所形成的螯合物，则需要同时破坏三个键。故螯合物的稳定性随螯合物中环数的增多而显著增强，这一特点称为螯合效应。螯合物所含的环越多越稳定。

② 螯合物大多数有特征颜色　某些螯合物有特征颜色，可用于金属离子的定性鉴定或定量测定。例如，在弱碱性条件下，丁二酮肟与 Ni^{2+} 形成鲜红色的二丁二酮肟合镍螯合物沉淀。

该反应可用于定性检验 Ni^{2+} 的存在，也可用来定量测定 Ni^{2+} 的含量。

5. 配位平衡

从配合物的组成可知，配合物的内界与外界之间是以离子键结合的，在水溶液中几乎完全离解。而内界则与多元弱酸（弱碱）的离解相类似，多配体的配离子在水溶液中的离解是分步进行的，最后达到某种平衡状态。配离子的离解反应的逆反应是配离子的形成反应，其形成反应也是分步进行的，最后也达到了平衡状态。比如：

$$[Cu(NH_3)_4]^{2+} \rightleftharpoons Cu^{2+} + 4NH_3$$

对于上述离解平衡，由平衡移动原理可知标准平衡常数 $K^{\ominus}_{\text{不稳}}$ 的表达式为：

$$K^{\ominus}_{\text{不稳}} = \frac{\{c'(Cu^{2+})\} \cdot \{c'(NH_3)\}^4}{\{c'[Cu(NH_3)_4^{2+}]\}} \qquad (2\text{-}12)$$

$K_{\text{不稳}}^{\ominus}$ 为配离子的不稳定常数，也叫离解常数。$K_{\text{不稳}}^{\ominus}$ 值越大，配离子在溶液中越不稳定。

也可以用配离子的生成物来表征配合物的稳定性。

$$Cu^{2+} + 4NH_3 \rightleftharpoons [Cu(NH_3)_4]^{2+}$$

其标准平衡常数可以用 $K_{\text{稳}}^{\ominus}$ 或以 β 表示：

$$K_{\text{稳}}^{\ominus} = \frac{\{c'[Cu(NH_3)_4^{2+}]\}}{\{c'(Cu^{2+})\} \cdot \{c'(NH_3)\}^4} \tag{2-13}$$

β 称为配合物的稳定常数，β 值越大，配离子越稳定。β 与 $K_{\text{不稳}}^{\ominus}$ 互为倒数。

溶液中配离子的形成是分步进行的，每一步都相应有一个稳定常数，称为逐级稳定常数（或分步稳定常数）。

学习情境三

环境中重要碱金属与碱土金属物质

【引入案例】 按照各地的水质不同，水可以分为硬水和软水。北京大多数地区水中的钙、镁离子等含量较高，就是人们常说的硬水。硬水不会对健康造成直接危害。我国南方大部分地区的水含钙少，可以减少或避免水垢的生成，适于洗涤和洗浴（尤其用于美容效果显著）。也避免了水管中的水垢所造成的能源浪费、用水器材效率降低等问题。硬水和软水都各有利弊，最好是取长补短，可以通过选用家用净水设备得到需要的净化水。

任务一 软化硬水

一、知识目标

1. 掌握硬水的概念，了解硬水对生产、生活的危害；
2. 认识硬水软化的意义，掌握硬水软化的基本原理和常用的方法。

二、能力目标

能根据硬水的类型选择正确的软化方法。

三、任务准备

1. 试剂

$CaSO_4$（0.2mol/L）溶液、饱和石灰水、肥皂水、Na_2CO_3（1mol/L）、阳离

子交换树脂（已处理好，H^+ 型）、玻璃棉。

2. 仪器

试管若干、砂纸、酒精灯、三脚架、试管夹、移液管。

四、任务实施

1. 对硬水的识别

取 3 支试管，编号为 1、2、3，分别加入蒸馏水、暂时硬水 [含有 $Ca(HCO_3)_2$ 的水] 和永久硬水（含有 $CaSO_4$ 的水）各 3mL，在每一支试管里倒入肥皂水约 2mL。观察在哪支试管里有钙肥皂生成？为什么？

2. 暂时硬水的软化

取 2 支试管，编号为 1、2，各装暂时硬水 5mL，把试管 1 煮沸约 2～3min；在试管 2 里加入澄清的石灰水 1～2mL，用力振荡。观察两试管中发生的现象，说明了什么问题？写出反应方程式。

3. 永久硬水的软化

在 1 支试管里加 $CaSO_4$ 溶液 3mL 作为永久硬水。先用加热的方法，煮沸是否能除去 $CaSO_4$？后滴入 Na_2CO_3 溶液 1mL，有什么现象发生？为什么？写出反应式。

4. 离子交换法软化硬水

在 100mL 滴定管下端铺一层玻璃棉，将已处理好的 H^+ 型阳离子交换树脂带水装入柱中。将 500mL 自来水注入树脂柱中，保持流经树脂的流速为 6～7 mL/min，液面高出树脂 1～1.5cm 左右，所得即为软水。

取两支试管，编号为 1、2，分别取 3mL 的软水和自来水，并分别加入 2 mL 肥皂水，振荡，观察哪支试管的泡沫多，是否有沉淀产生。

通过以上实验现象的观察和思考，完成下面表格。

对硬水的识别	什么是钙肥皂？	简要写出各试管的反应现象	哪支试管有钙肥皂的产生？为什么？
		试管1:	
		试管2:	
		试管3:	
暂时硬水软化	写出各试管的反应方程式		简要解释现象发生的原因
	试管1:		
	试管2:		
永久硬水软化	记录实验现象	简要解释现象发生的原因	写出化学反应式
离子交换法软化硬水	记录各试管的实验现象		
	试管1:		
	试管2:		

5. 撰写并提交任务实施的总结报告

任务二　测定土壤阳离子交换容量

一、知识目标

1. 理解土壤阳离子交换量的内涵及其环境学意义；
2. 掌握土壤阳离子交换量的测定原理和方法。

二、能力目标

能够掌握本任务中的方法快速测定土壤中的阳离子交换总量。

三、任务准备

1. 试剂

① 氯化钡溶液　称取 60g 氯化钡（$BaCl_2 \cdot 2H_2O$）溶于水中，转移至 500mL 容量瓶中，用水定容。

② 0.1％酚酞指示剂　称取 0.1g 酚酞溶于 100mL 乙醇中。

③ 硫酸溶液（0.1mol/L）　移取 5.36mL 浓硫酸至 1000mL 容量瓶中，用水稀释至刻度。

④ 标准氢氧化钠溶液（约 0.1mol/L）　称取 2g 氢氧化钠溶解于 500mL 煮沸后冷却的蒸馏水中。其浓度需要标定。

标定方法：各称取两份 0.5000g 邻苯二甲酸氢钾（预先在烘箱中 105℃烘干）于 250mL 锥形瓶中，加 100mL 煮沸后冷却的蒸馏水溶解，再加 4 滴酚酞指示剂，用配制好的氢氧化钠标准溶液滴定至淡红色。再用煮沸后冷却的蒸馏水做一个空白试验，并从滴定邻苯二甲酸氢钾的氢氧化钠溶液的体积中扣除空白值。计算公式如下：

$$c(NaOH) = W \times 1000/[204.23(V_1 - V_0)] \tag{3-1}$$

式中　W——邻苯二甲酸氢钾的质量，g；

$\qquad V_1$——滴定邻苯二甲酸氢钾消耗的氢氧化钠体积，mL；

$\qquad V_0$——滴定蒸馏水空白消耗的氢氧化钠体积，mL；

204.23——邻苯二甲酸氢钾的摩尔质量，g/mol。

2. 仪器

离心管、胶头滴管、锥形瓶、碱式滴定管。

四、任务实施

1. 土壤样品制备

在校园花园内挖取表层土壤约 1kg，弃掉植物根部及其他杂质，在干净报纸上摊开，放在通风处自然风干，风干过程中常翻动，风干时间视环境天气而定，一般至少一个周。注意，不能烘干或晒干。可挖取不同地方的土壤进行测定。

2. 阳离子交换容量测定

取 4 支 100mL 离心管，分别称出其质量（准确至 0.0001 g，下同）。在其中 2 支加入 1.0 g 风干土壤样品，其余 2 支加入 1.0g 深层风干土壤样品，并作标记。向各管中加入 20mL 氯化钡溶液，用玻璃棒搅拌 4min 后，以 3000 r/min 转速离心至下层土样紧实为止。弃去上清液，再加 20mL 氯化钡溶液，重复上述操作。

在各离心管内加 20mL 蒸馏水，用玻璃棒搅拌 1min 后，离心沉降，弃去上清液。称出离心管连同土样的质量。移取 25.00mL 0.1 mol/L 硫酸溶液至各离心管中，搅拌 10 min 后，放置 20 min，离心沉降，将上清液分别倒入 4 支试管中。再从各试管中分别移取 10.00mL 上清液至 4 只 100mL 锥形瓶中。同时，分别移取 10.00mL 0.1 mol/L 硫酸溶液至另外 2 只锥形瓶中。在这 6 只锥形瓶中分别加入 10mL 蒸馏水、1 滴酚酞指示剂，用标准氢氧化钠溶液滴定，溶液转为红色并数分钟不褪色为终点。

3. 数据处理

按下式计算土壤阳离子交换量（CEC）：

$$CEC = [A \times 25 - B \times (25 + G - W - W_0)] \times N \times 100 / (W_0 \times 10) \qquad (3\text{-}2)$$

式中　CEC——土壤阳离子交换量，cmol/kg；

　　　A——滴定 0.1 mol/L 硫酸溶液消耗标准氢氧化钠溶液体积，mL；

　　　B——滴定离心沉降后的上清液消耗标准氢氧化钠溶液体积，mL；

　　　G——离心管连同土样的质量，g；

　　　W——空离心管的质量；g；

　　　W_0——称取的土样质量，g；

N——标准氢氧化钠溶液的浓度，mol/L。

 【相关知识】

一、土壤中钠、钾的重要化合物

环境中常见的碱金属为钠、钾，其在环境中的基本存在情况如下。

虽然钠在地壳中占有可观的部分（2.8%），但土壤中钠含量较低，在0.1%~1%之间。土壤中钠的平均含量估计为0.63%。这一较低的含钠量表明，钠从土壤含钠物质中被风化掉了。通常发现，潮湿地区的土壤中通常含钠量很少，而在干旱和半干旱地区，钠可能是土壤的重要组成部分。在多年使用硝酸钠肥料的湿润地区土壤中，偶尔出现可测数量的钠。

土壤中钠以三种形态存在：不溶性硅酸盐中固定的钠；存在于其他矿物结构中的交换性钠；土壤溶液中的可溶性钠。在大多数土壤中，钠大多存在于硅酸盐中。高度淋溶土壤中的钠存在于以富含钠的斜长石中，而少量存在于条纹长石、云母、辉石和闪石中，它们是细砂和粉粒组分。在干旱和半干旱土壤中，钠存在于硅酸盐中，也以一定量的$NaCl$、Na_2SO_4存在，有时以Na_2CO_3及其他可溶性盐形式存在。

钾在自然界中只以化合物形式存在。在云母、钾长石等硅酸盐中都富含钾。钾在地壳中的含量为2.59%，占第七位。土壤中的钾是作物钾营养的主要来源，大部分为矿物形态，作物很难直接吸收利用，水溶态和交换态比较少，作物能直接吸收利用。

二、水中钙、镁的重要化合物

环境中常见的碱土金属为钙、镁。其在环境中的基本存在情况如下。

钙元素在地壳中含量居第五位，仅次于氧、硅、铝、铁，主要存在于岩石中和土壤中，钙是活泼金属，具有强的还原性，能从冷水中放出氢，在自然界以碳酸盐存在于霰石、方解石、石灰石、白垩、大理石中，并以硫酸盐存在于石膏中。

镁是一种银白色的金属，化学性质活泼，在自然界中从不以单质状态存在。镁的矿物主要有白云石（$CaCO_3 \cdot MgCO_3$）、光卤石（$KCl \cdot MgCl_2 \cdot 6H_2O$）、菱镁矿（$MgCO_3$）、橄榄石[$(Mg,Fe)_2SiO_4$]和蛇纹石[$Mg_6[Si_4O_{10}](OH)_8$]。镁在地壳中的含量约2.1%，在已发现的百余种元素中居第八位。

学习情境四

铁、 铝的环境学意义

【引入案例】 制药企业产生的废水因其污染物多属于结构复杂、有毒、有害和生物难以降解的有机物质，对水体造成严重的污染。同时工业废水还呈明显的酸、碱性，部分废水中含有过高的盐分，这些特点都让制药废水成为水处理行业中较难处理的一种废水。某制药企业采用混凝法处理该厂产生的废水，通过投加高效混凝剂，如聚合氯化铝、聚合氯化铝铁和聚合硫酸铁等可大大降低废水中的 COD、SS 和色度。此法已被广泛用于制药废水预处理及后处理过程中，如用于中药废水等。高效混凝处理的关键在于恰当地选择和投加性能优良的混凝剂。近年来混凝剂的发展方向是由低分子向聚合高分子发展，由成分功能单一型向复合型发展。如新研制的一种高效复合型絮凝剂 F-1 处理急支糖浆生产的废水，在 pH 为 6.5，絮凝剂用量为 300mg/L 时，废液的 COD、SS 和色度的去除率分别达到 69.7%、96.4% 和 87.5%，其性能明显优于 PAC（粉末活性炭）、聚丙烯酰胺（PAM）等单一絮凝剂。

 任务 净化天然水

一、知识目标

1. 了解实验室无机废水的基本性质特点；
2. 了解废水处理中铁、铝化合物的作用。

二、能力目标

1. 能初步评价废水处理效果；
2. 能解释本实验废水净化的原理。

三、任务准备

1. 试剂

氢氧化钠（0.5mol/L），盐酸（0.5mol/L），明矾[$KAl(SO_4)_2 \cdot 12H_2O$]、聚合氯化铝、三氯化铁，浓度均为1mol/L。

2. 仪器

电动搅拌器、移液管、玻璃烧杯、玻璃棒、pH试纸。

四、任务实施

1. 废水准备

各小组将准备的实验室无机废水混合均匀后平均分成3份，分别装入已清洗干净的3个烧杯，用氢氧化钠和盐酸溶液调节pH值均为9左右。

2. 操作过程

分别按下表要求进行操作。

试剂名称	加入量/mL	搅拌时间/min	搅拌速度/(r/min)	等待时间/min	现象记录
明矾	5.00	3	80	10	
聚合氯化铝	5.00	3	80	10	
三氯化铁	5.00	3	80	10	

注：现象记录主要观察形成的"雪花"状沉淀物大小、紧密度、澄清层的高度及其浑浊度情况等。

 【相关知识】

一、铁、铝的基本性质

1. 铝及其氢氧化物

铝是自然界中分布极广的元素之一，地壳中铝的丰度为7.35%，仅次于氧和硅，居第三位。铝位于元素周期表第三周期、第ⅢA族，是比较活泼的金属。

$Al(OH)_3$是白色的固态物质。在铝盐溶液中加入氨水或适量的碱所得到的凝胶状白色沉淀则是无定形$Al(OH)_3$。只有在铝酸盐的溶液（$[Al(OH)_4]^-$）中通CO_2才得到真正的氢氧化铝白色晶体。

$$2Na[Al(OH)_4] + CO_2 \longrightarrow 2Al(OH)_3\downarrow + Na_2CO_3 + H_2O$$

$Al(OH)_3$是典型的两性氢氧化物，既能与酸反应，又能与碱反应：

$$Al(OH)_3 + 3HCl \longrightarrow AlCl_3 + 3H_2O$$

$$Al(OH)_3 + NaOH \longrightarrow NaAlO_2 + 2H_2O$$

$Al(OH)_3$在水溶液中，可以按酸的形式离解，又可按碱的形式离解：

$$H_2O + AlO_2^- + H^+ \Longrightarrow Al(OH)_3 \Longrightarrow Al^{3+} + 3OH^-$$

在加酸的条件下，平衡向右移动，发生碱式离解而生成铝盐，$Al(OH)_3$表现为碱性；在加碱的条件下，平衡向左移动，发生酸式离解而生成铝酸盐，$Al(OH)_3$表现为酸性。

2. 铁及其氢氧化物

铁是地球上分布最广、最常用的金属之一，约占地壳质量的5.1%，居元素分布序列中的第四位，仅次于氧、硅和铝。

$Fe(OH)_3$是一种红褐色沉淀，成分一般看做是铁（Ⅲ）的氧化物-氢氧化物的水合物。加热分解成三氧化二铁和水：

$$2Fe(OH)_3 \xrightarrow{\triangle} Fe_2O_3 + 3H_2O$$

$Fe(OH)_3$具有两性，但其碱性强于酸性，新制得的氢氧化铁易溶于无机酸和有机酸，亦可溶于热浓碱。极强氧化剂（如次氯酸钠）在碱性介质中，能将新制的氢氧化铁氧化成（+6）氧化态的高铁酸钠Na_2FeO_4。

二、铁、铝化合物在污水处理中的应用

1. 废水处理的一般方法

废水处理方法可按其作用分为四大类，即物理处理法、化学处理法、物理化学法和生物处理法。

① 物理处理法　通过物理作用，以分离、回收废水中不溶解的呈悬浮状态污染物质（包括油膜和油珠），常用的有重力分离法、离心分离法、过滤法等。

② 化学处理法　向污水中投加某种化学物质，利用化学反应来分离、回收污水中的污染物质，常用的有化学沉淀法、混凝法、中和法、氧化还原（包括电解）法等。

③ 物理化学法　利用物理化学作用去除废水中的污染物质，主要有吸附法、

离子交换法、膜分离法、萃取法等。

④ 生物处理法　通过微生物的代谢作用，使废水中呈溶液、胶体以及微细悬浮状态的有机性污染物质转化为稳定、无害的物质，可分为好氧生物处理法和厌氧生物处理法。

2. 常见絮凝剂与絮凝原理

絮凝沉淀法是一种水处理方法，应用最广泛、成本最低。此方法是指在废水中，加入一定量的絮凝剂，使其进行物理化学反应，达到水体净化的目的。

絮凝剂是能够降低或消除水中分散微粒的沉淀稳定性和聚合稳定性，使分散微粒凝聚、絮凝成聚集体而除去的一类物质。絮凝剂按照其化学成分可分为无机絮凝剂和有机絮凝剂两类。其中无机絮凝剂又包括无机凝聚剂和无机高分子絮凝剂；有机絮凝剂又包括合成有机高分子絮凝剂、天然有机高分子絮凝剂和微生物絮凝剂。废水处理中常见的无机絮凝剂很多，其中含铁铝元素的常见无机絮凝剂有三氯化铁、三氯化铝、硫酸铝及聚合氯化铝。

絮凝沉淀法是选用无机絮凝剂（如聚合氯化铝）或有机高分子絮凝剂（聚丙烯酰胺，PAM）配制成水溶液加入废水中，便会产生压缩双电层，使废水中的悬浮微粒失去稳定性，胶粒物相互凝聚使微粒增大，形成絮凝体、矾花。絮凝体长大到一定体积后即在重力作用下脱离水相沉淀，从而去除废水中的大量悬浮物，从而达到水处理的效果。为提高分离效果，可适时、适量加入助凝剂。处理后的污水在色度、含铬、悬浮物含量等方面基本上可达到排放标准，可以外排或用作人工注水采油的回注水。

3. 絮凝效果的影响因素

絮凝剂使废水产生较好的沉淀效果，其效果受很多因素的影响，如废水的性质、pH 值、水温、搅拌强度、搅拌时间、助凝剂的使用等。助凝剂是指调节废水的某些性质从而增强水中物质发生沉淀作用的物质。常见的助凝剂有 PAM、活化硅胶、骨胶、海藻酸钠、氯气、氧化钙、活性炭等。

4. 常见铁铝絮凝剂

（1）三氯化铁

三氯化铁是一种常用的絮凝剂，为黑褐色的结晶体，有强烈吸水性，形成的矾花沉淀性好。处理低温水或低浊水时的效果比铝盐好，适宜的 pH 值范围较宽，但处理后的水的色度比铝盐高。三氯化铁液体、晶体或受潮的无水物腐蚀性较大，调制和加药设备必须考虑用耐腐蚀性材料。

（2）硫酸铝

硫酸铝是废水处理中使用最多的絮凝剂，使用便利，混凝效果好。使用硫酸铝的有效 pH 值范围较窄，且跟原水硬度有关，对于软水，pH 值为 5.7～6.6；中等硬度为 6.6～7.2；硬度较高的水则为 7.2～7.8。

（3）聚合氯化铝

聚合氯化铝作为絮凝剂处理水时，有下列优点：对污染严重或低浊度、高浊度、高色度的原水都可以达到很好的混凝效果；水温低时，仍可保持稳定的混凝效果；矾花形成块，颗粒大而重，沉淀性能较好，投药量一般比硫酸铝低；适宜的 pH 值范围较宽，在 5～9 之间，当过量投加时也不会像硫酸铝那样造成水浑浊的反效果；药液对设备的侵蚀作用小，且处理后的水的 pH 值和碱度下降较小。

学习情境五

环境中的重金属

【引入案例】 日本熊本县水俣湾外围的"不知火海"是被九州本土和天草诸岛围起来的内海，那里海产丰富，是渔民们赖以生存的主要渔场。水俣镇是水俣湾东部的一个小镇，有 4 万多人居住，周围的村庄还住着 1 万多农民和渔民。"不知火海"丰富的渔产使小镇格外兴旺。

1925 年，日本氮肥公司在这里建厂，后又开设了合成醋酸厂。1949 年后，这个公司开始生产氯乙烯（$CH_2=CHCl$），年产量不断提高，1956 年超过 6000t。与此同时，工厂把没有经过任何处理的废水排放到水俣湾中。1956 年，水俣湾附近发现了一种奇怪的病，这种病症最初出现在猫身上，被称为"猫蹈症"。病猫步态不稳，抽搐、麻痹，甚至跳海死去，被称为"自杀猫"。随后不久，此地也发现了患这种病症的人。患者由于脑中枢神经和末梢神经被侵害，轻者口齿不清、步履蹒跚、面部痴呆、手足麻痹、感觉障碍、视觉丧失、震颤、手足变形，重者神经失常，或酣睡，或兴奋，身体弯弓高叫，直至死亡。

这就是日后轰动世界的"水俣病"，是最早出现的由于工业废水排放污染造成的公害病。

 **任务 淤泥综合作用处理**
含 Cr（Ⅵ）废水

一、知识目标

1. 了解含 Cr^{6+} 废水的来源及其性质；

---

2. 了解淤泥的组成及其特点；

3. 掌握淤泥处理含 Cr^{6+} 废水的基本原理；

4. 明确朗伯-比尔定律原理。

二、能力目标

1. 能够正确使用分光光度计；

2. 能够将朗伯-比尔定律原理用于本实验结果的评价。

三、任务准备

1. 试剂

（1+1）硫酸：将等体积的浓硫酸和去离子水混合。

（1+1）磷酸：将等体积的浓磷酸和去离子水混合。

显色剂：称取 0.2g 二苯碳酰二肼溶于 50mL 丙酮中，加水稀释至 100mL，摇匀，贮于棕色瓶，藏于冰箱中，若颜色变深，则不能使用。

0.1mol/L 氢氧化钠溶液、0.1mol/L 盐酸溶液。

2. 仪器

分光光度计、电动离心机、pH 计、电动搅拌器、托盘天平及其他常规实验室仪器。

四、任务实施

1. 材料准备

① 淤泥　教师带领学生到附近鱼塘或景观湖采取淤泥带回实验室备用。每小组采集约 0.5kg 即可。

② 含 Cr^{6+} 废水　实验室含铬废水或工业含铬废水，教师事先测定其浓度，再稀释成 1mg/L 以下。

2. 实施步骤

① 调节 pH 值　将质量浓度在 1mg/L 以下的含 Cr^{6+} 废水用氢氧化钠和盐酸溶液调节 pH 为 3 左右，等量准备 4 份备用，每份 100mL。

② 加入淤泥　将准备好的 4 份含铬废水中分别加入淤泥 5g、10g、15g、20g，调节电动搅拌器转速为 60r/min，搅拌 5min，取下，至少静置 40h，让其接触反应。

③ 测定吸光度　将处理静置后的六价铬废水的上清液取出，放入离心管中离

心，分别移取 10mL 到 50mL 比色管中，加水稀释至标线，分别加入 0.50mL(1+1) 硫酸、0.5mL (1+1) 磷酸，2.00mL 显色剂，摇匀后放置 15min 后在 540nm 处测定其吸光度值。按相同步骤测定未加淤泥的含铬废水的吸光度值。分别进行记录，绘制淤泥加入量对应吸光度值曲线。

3. 实施建议

可将 pH 值调为其他值进行操作，比较不同 pH 值下的处理效果。

 【相关知识】

铬及其化合物在工业上应用广泛，冶金、化工、矿物工程、电镀、制铬、颜料、制药、轻工纺织、铬盐及铬化物的生产等一系列行业，都会产生大量的含铬废水。铬在废水中主要存在两种价态：六价铬 (Cr^{6+}) 以及三价铬 (Cr^{3+})，六价铬具有强氧化性和强毒性，其毒性是三价铬的 100 倍以上，是国际抗癌研究中心和美国毒理学组织公布的致癌物，具有明显的致癌作用。六价铬化合物在自然界不能被微生物分解，且渗透迁移性较强，对人体有强烈的致敏作用。目前处理含铬废水的方法有化学处理法、膜分离法、吸附法、离子交换法、生物处理技术。

淤泥主要是粉质黏土和粉质砂土，含大量黏土矿物和部分石英、长石、云母，有机质含量较多（5%～15%），其成分很复杂，大致可分为腐殖质和非腐殖质。其中腐殖质是天然高分子有机物，具有很高的生物化学稳定性。它的特点是表面积大，结构复杂，带有多种活性官能团（—COOH、—OH 等），能够与金属离子发生很强的配合作用，从而影响了金属离子在环境中的形态、迁移、转化和生物可给性及毒性。Cr^{3+} 能被淤泥中的有机分子螯合后吸附在矿物表面。将 Cr^{6+} 还原成 Cr^{3+} 再处理，是治理 Cr^{6+} 污染的主要途径。淤泥 Cr^{6+} 还原成 Cr^{3+} 的机理通常有以下 4 种：与无机物发生还原反应、在矿物表面上的电子转移、与非腐殖质有机物质（如碳水化合物和蛋白质）反应、被淤泥腐殖质还原。其中无机物还原作用可以极大地降低 Cr^{6+} 的毒性和生物可利用性，有机物质能够将 Cr^{6+} 还原成 Cr^{3+}。在含高有机物质的淤泥中，腐殖质是主要有机部分，它为 Cr^{6+} 还原提供了非常丰富的电子供体储备。国内利用腐殖质中的腐殖酸（humic acid，HA）进行重金属离子去除的研究也已开始，但 HA 对 Cr^{6+} 的去除技术还处于摸索阶段。

一、重金属污染物的迁移转化途径

1. 重金属环境行为的基本特征

① 重金属是构成地壳的组分，在各环境介质中均有背景含量，在污染物分类

视为永久性污染物。

② 有广泛的污染源，如采矿、冶金、燃煤及一些化工产业都能成为重金属的污染来源。土壤重金属污染的来源主要是采矿、冶炼等工矿企业释放的废气、废水和废渣以及含有重金属的农药。

③ 重金属多为周期表中的过渡元素，有特殊电子构层，最外的 s 层的电子数为 1～2，次外层 d 电子层未被充满，易于接收外来电子，使重金属的环境行为有以下特点：一是有广泛价态，可在多种 E_h-pH 条件下存在，不同电价的重金属有不同迁移性和生物有效性；二是易形成配合物，有利于其在环境中迁移扩散；三是易与 OH^-、S^{2-}、CO_3^{2-} 生成沉淀，可抑制其迁移扩散。

一般将土壤中的重金属分为水溶态、离子交换态、碳酸盐结合态、铁锰氧化物结合态、有机结合态和残留态等。一般来说水溶态、离子交换态的重金属在土壤环境中最为活跃，毒性也强，易被植物吸收，也容易被吸附、淋失或发生反应转为其他形态。残留态的重金属与土壤结合最牢固，用普通的浸提方法不能从土壤中提取出来，它的活性最小，几乎不能被植物吸收，毒性也最小。

④ 一般的重金属微量即可致毒，并且有长期性累积效应，有生物放大作用，还可以通过母乳和遗传对新生儿产生影响。

2. 重金属的迁移转化行为

土壤中重金属的迁移转化主要包括物理迁移、生物迁移和化学转化三种形式。

（1）物理迁移

水溶性的重金属离子或配合离子在土壤中可随土壤水分从土壤表层迁移到深层，从地势高处迁移到地势低处，甚至发生淋溶，随水流迁移出土壤而进入地表或地下水体。另外，包在土壤颗粒中的重金属和吸附在土壤胶体表面上的重金属，也可以随着土粒被水流冲刷流动而发生迁移，也可以以飞扬尘土的形式随风迁移。

（2）化学转化

① 吸附作用

a. 胶体对金属离子吸附能力与金属离子的特性和胶体的种类有关。

同一类型的土壤胶体对阳离子的吸附，如果阳离子的价态越高，越易被土壤胶体所吸附；而具有相同价态的阳离子，离子半径越大，越易被土壤胶体所吸附。

交换性活跃的黏土矿物对金属离子吸附的顺序为：

$$Cu^{2+} > Pb^{2+} > Ni^{2+} > Co^{2+} > Zn^{2+} > Rb^{2+} >$$
$$Sr^{2+} > Ca^{2+} > Mg^{2+} > Na^+ > Li^+$$

有机胶体对金属离子吸附的顺序为：

$$Pb^{2+} > Cu^{2+} > Cd^{2+} > Zn^{2+} > Ca^{2+} > Hg^{2+}$$

b. 金属离子被土壤胶体吸附是其从液相转入土壤固相的最重要途径之一。

胶体吸附特别是有机胶体的吸附在很大程度上决定着土壤中重金属的分布和富集。金属元素与胶土的缔合方式不同则吸附能力不同，若吸附在胶土矿物表面交换点上，则较易被交换；如被吸附在晶格中，则很难释放。

c. 不同的土壤类型，具有不同类型的胶体，对重金属的吸附性也不同。

一般土壤中有机胶体即腐殖质胶体含量多的土壤对重金属的吸附作用强，而无机胶体相对吸附较弱。我国各地区的不同类型土壤对重金属的吸附特性见表 5-1。

表 5-1 不同类型土壤对重金属的吸附特性

金属元素	吸附比例/%				
	哈尔滨黑土	北京褐土	西安褐土	湖北红壤	江西红壤
Cu	100.0	99.95	99.45	85.07	56.30
Pb	97.75	99.21	99.21	100.0	97.40
Cd	97.73	97.20	100.0	84.18	18.31
Hg	99.10	98.39	99.15	49.73	98.21

土壤中胶体性质对重金属的吸附影响，如对 Cu^{2+} 的吸附顺序为：氧化锰＞有机质＞氧化铁＞伊利石＞蒙脱石＞高岭石。

d. pH 值上升，金属离子的吸附量增加。

② 配位作用 有些重金属离子在土壤溶液中往往不以简单离子存在，主要以配离子形式存在。无机配位体（OH^-、Cl^-）与重金属的配合作用，可提高难溶重金属化合物的溶解度，同时减弱土壤胶体对重金属的吸附，促进重金属在土壤中的迁移转化。如在土壤表层土壤溶液中，汞主要以 $Hg(OH)_2$ 和 $HgCl_2$ 形态存在，而在氯离子浓度高的盐碱土中，则以 $[HgCl_5]^{3-}$ 形态为主。

a. 在无机配位体中，人们比较重视重金属与羟基和氯离子的配位作用，认为两者是影响一些重金属难溶盐溶解度的主要因素，能促进重金属在土壤中迁移转化。

重金属能在较低 pH 值下水解，H^+ 离开水和重金属离子的配位水分子。

$$M(H_2O)_n^{2+} + H_2O \longrightarrow M(H_2O)_{n-1}OH^+ + H_3O^+$$

重金属羟基配合物的平衡，按下列反应式逐级生成配合物：

$$M^{2+} + OH^- \rightleftharpoons MOH^+$$

$$MOH^+ + OH^- \rightleftharpoons M(OH)_2$$

$$M(OH)_2 + OH^- \rightleftharpoons M(OH)_3^-$$

$$M(OH)_3^- + OH^- \rightleftharpoons M(OH)_3^{2-}$$

正常土壤中氯离子浓度较低，其对重金属的配位顺序 $Hg^{2+} > Cd^{2+} > Zn^{2+} >$

Pb^{2+}。盐碱土中氯离子浓度较高，pH 值也较高，重金属也可发生水解作用，生成羟基配离子，此时可发生羟基与氯配位作用的竞争反应。

b. 土壤有机质配合物和螯合物的稳定性，与配位-螯合剂和金属本身有关，但也决定于环境条件，尤其是 pH 值。土壤有机质对金属元素的配位、螯合能力的顺序为：Pb ＞ Cu ＞ Ni ＞ Zn ＞ Hg ＞ Cd。

c. 形成有机螯合物对金属迁移的影响取决于所形成的螯合物的溶解性。

腐殖质中的富里酸与重金属离子形成的螯合物，溶解度较大，易于在土壤中迁移。而腐殖质中的腐殖酸与重金属形成的螯合物溶解度小，不易在土壤中迁移。

腐殖质对金属离子的螯合作用与吸附作用同时存在，通常认为在离子浓度高时以吸附作用为主，在离子浓度低时以配位-螯合为主。

③ 沉淀作用　重金属在土壤溶液中还存在沉淀溶解平衡。

a. 重金属化合物的溶解度越高，则迁移能力越强。重金属的氯化物和硫酸盐（AgCl、Hg$_2$Cl$_2$、PbSO$_4$ 等除外）基本上是可溶的，重金属的碳酸盐、硫化物、氢氧化物却是难溶的。

(a) 氢氧化物　金属氢氧化物的溶解平衡可表示为

$$Me(OH)_n \Longrightarrow Me^{n+} + nOH^- \quad 溶度积为 K_{sp} = [Me^{n+}][OH^-]^n$$

一般说来若水体中没有其他配位体，大部分金属离子氢氧化物在 pH 较高时，其溶解度较小，迁移能力较弱；若水体 pH 较小，金属氢氧化物溶解度升高，金属离子的迁移能力也就增大。

(b) 硫化物　在中性条件下大多数重金属硫化物不溶于水。当天然水体中存在硫化氢时，重金属离子等就可能形成金属硫化物。在硫化氢和金属硫化物均达饱和的水中，同时存在两种平衡：

$$H_2S \Longrightarrow H^+ + HS^- \qquad K_1 = [H^+][HS^-]/[H_2S]$$

$$HS^- \Longrightarrow H^+ + S^{2-} \qquad K_2 = [H^+][S^{2-}]/[HS^-]$$

$$Me^{2+} + S^{2-} \Longrightarrow MeS(s) \qquad K_{sp} = [Me^{2+}][S^{2-}]$$

(c) 碳酸盐　HCO$_3^-$ 是天然水体主要阴离子之一，能与金属离子形成碳酸盐沉淀，从而影响水中重金属离子迁移。水中碳酸盐溶解度，很大程度上取决于其中二氧化碳的含量和水体 pH。

水体中二氧化碳能促使碳酸盐的溶解：

$$MeCO_3(s) + CO_2 + H_2O \Longrightarrow Me^{2+} + 2HCO_3^-$$

可见水体 pH 升高，碳酸盐溶解度下降，金属离子的迁移能力也就减小。

b. pH 值升高，重金属离子的溶解度下降，则其迁移能力下降。

pH 值是影响土壤中重金属迁移转化的重要因素，正常的土壤的 pH 值在 5～8

之间。酸性土壤的 pH 值可能小于 4，而碱性土壤的 pH 值可达 11。

pH 值与迁移的关系，有下面几种情况：

·当 pH<6 时迁移活泼的金属离子有 Cu^{2+}、Zn^{2+}、Co^{3+}、Co^{2+}、Ni^{3+}、Mn^{2+}、Cr^{2+}、Cd^{2+}；

·当 pH>7 时迁移活泼的金属离子有 V（V）、V（Ⅳ）、As（V）、Cr（Ⅵ）；

·与 pH 值关系不大的金属离子是 Li^+、Rb^+、Cs^+。

沉淀溶解作用能使水体中重金属离子与相应的阴离子生成硫化物、碳酸盐等难溶化合物，大大限制了重金属污染物在水体中的扩散范围，使重金属主要富集于排污口附近的底泥中，降低了重金属离子在水中的迁移能力，在某种程度上可以对水质起净化作用。

④ 氧化还原作用　水体氧化还原条件对重金属的存在形态及其迁移能力有很大的影响。

在还原条件占优势的地下水中含有丰富的 Fe^{2+}，当其流入具氧化性的湖沼时，二价铁变为三价铁化合物（$Fe_2O_3 \cdot nH_2O$）自溶液中沉淀出来，可以大量地富集成"湖铁矿"。

水体中常见的氧化剂有 Fe（Ⅲ）、Mn（Ⅳ）、S（Ⅵ）、Cr（Ⅵ）、As（Ⅴ）和溶解氧等；而常见的还原剂有 Fe（Ⅱ）、Mn（Ⅱ）、S^{2-} 和有机化合物。

在高氧化环境中，钒、铬呈高氧化态，形成可溶性钒酸盐、铬酸盐等，具有强的迁移能力；而在高氧化环境中，铁、锰形成高价难溶性化合物沉淀，迁移能力低，对作物的危害也轻。

（3）生物迁移

生物迁移主要是植物通过根系吸收土壤中某些重金属并在植物体内富集。生物能大量富集几乎所有的重金属，并通过食物链进入人体，参与生物体内代谢过程。这种迁移既可以认为是植物对土壤的净化，也可以认为是污染土壤对植物的侵害。特别是当植物富集的重金属有可能通过食物链进入人体时，其危害更为严重。微生物对重金属的吸收及土壤中动物啃食、搬运是土壤中重金属生物迁移的另一个比较重要的途径。

① 土壤生物（植物、微生物）对重金属的迁移转化的影响机制　土壤生物可以通过烷基化、去烷基化、氧化、还原、配位和沉淀作用来转化重金属，并影响它们的迁移能力和生物有效性。

② 微生物影响　某些微生物，如硫酸盐还原菌以及某些藻类，能够产生多糖、脂多糖、糖蛋白等胞外聚合物，其大量的阴离子基团，可与重金属离子结合；同时某些微生物产生的代谢产物，如柠檬酸、草酸等是有效的重金属配位、螯合剂，如

Cd 可通过与微生物或它们的代谢产物配位而被土壤固定。

③ 植物根系影响 植物根系在重金属的胁迫下，可导致分泌物的大量释放。其中可溶性分泌物，如有机酸、氨基酸、单糖等，可通过螯合作用和还原作用，或通过改变根系区域的 pH 值和氧化还原状况，增加重金属的溶解性和移动性。而不溶性分泌物，如多糖、挥发性化合物、脱落的细胞组织等则在抵御重金属的毒害作用中起着重要的作用。

二、主要重金属污染物的迁移转化

在环境污染方面所说的重金属主要是指汞、镉、铅、铬以及类金属砷等生物毒性显著的重金属元素。至于对具有一定毒性且环境中广为分布的如锌、铜、铁、镍、锡、铝等金属及它们化合物的环境行为研究，也归入环境化学内容。下面仅对汞、镉、铅、铬、砷五种元素的环境化学行为分别予以阐述。

1. 铅

大气和陆地上的铅，有很大一部分来源于加铅汽油，这部分铅污染物最终也要进入自然水系。为了防止环境铅污染，世界各国已经在普遍使用无铅汽油，此举无疑对减轻环境铅污染是有益的。

（1）铅在土壤中的迁移转化

土壤中铅的污染主要来自大气中污染的铅沉降，如铅冶炼厂含铅烟尘的沉降和含铅汽油燃烧所排放的含铅废气的沉降等。另外，其他铅应用工业的"三废"排放也是污染源之一。

① 土壤中铅的主要存在形式 土壤中铅主要以二价态的无机化合物形式存在，极少数为四价态。例如 $Pb(OH)_2$、$PbCO_3$、$Pb_3(PO_4)_2$ 和 $PbSO_4$ 等。除无机铅外，土壤中还含有少量可多至 4 个 Pb-C 链的有机铅，这些有机铅主要来自未充分燃烧的汽油添加剂。另外，土壤有机质中的 $-SH$、$-NH_2$ 基团能与 Pb^{2+} 形成稳定的配合物和螯合物。土壤中的铅也可呈离子交换吸附态的形式。

② 铅的迁移转化 进入土壤中的铅多以 $Pb(OH)_2$、$PbCO_3$ 或 $Pb_3(PO_4)_2$ 等难溶态形式存在，这使得铅的移动性和被作物吸收的作用都大大降低。因此，铅主要积累在土壤表层。土壤中铅的迁移转化作用与土壤 E_h 及土壤酸碱度的变化等有关。研究结果表明：土壤 E_h 升高，土壤中可溶性铅的含量降低。其原因是在氧化条件下，土壤中的铅与高价铁、锰的氢氧化物结合在一起（专性吸附作用），降低了其可溶性。

可溶性铅在酸性土壤中一般含量较高，这是因为酸性土壤中的 H^+ 可以部分地将已被化学固定的铅重新溶解释放出来。

植物从土壤中吸收铅主要是吸收存在于土壤溶液中的可溶性铅。植物吸收的铅绝大多数积累于根部,而转移到茎叶、种子中的则很少。另外,植物除通过根系吸收土壤中的铅以外,还可以通过叶片上的气孔吸收污染了的空气中的铅。

(2) 铅在水体中的迁移转化

水体的铅污染主要来自铅的冶炼、制造和使用铅制品的工矿企业排放的废水,以及汽油防爆剂四乙基铅随着汽车尾气进入大气,被雨水冲淋进入水体。

铅有 0、+2 和 +4 三种价态,但在大多数天然水体中,多以 +2 价的化合物形式存在,水体的氧化-还原条件一般不会影响铅的价态变化。铅的化合物在天然水体中不易水解,当水体的 pH 值为 5～8.5 且溶有 CO_2 时,$PbCO_3$ 是稳定的化合物;pH>8.5 时,则 $Pb_3(OH)_2(CO_3)_2$ 是稳定的。因此,天然水体中溶解的铅很少,pH 值低于 7 时,主要以 Pb^{2+} 形态存在,淡水中含铅 0.06～120$\mu g/L$,中值为 3$\mu g/L$;海水含铅的中值为 0.03$\mu g/L$。海水中同时存在大量的 Cl^-,因此铅的主要存在形态为 $PbCO_3$、$Pb(CO_3)_2^{2-}$、$PbCl_2$ 和 $PbCl_4^{2-}$ 等。

PbS 的溶解度很小,在还原性条件下是稳定的;在氧化性条件下转变成 $PbCO_3$、$Pb(OH)_2$ 或 $PbSO_4$ 使其溶解度增大。与其他重金属类似,铅同有机物特别是腐殖酸有很强的螯合能力,且易为水体中胶体、悬浮物特别是铁和锰的氢氧化物所吸附而沉入水底。所以铅污染物主要聚集在排放口附近的水体底泥中,而它在水体中迁移的形式主要是随悬浮物被水流搬运而迁移。在微生物的作用下,底泥中的铅可转化为四甲基铅。

(3) 铅在生物中的迁移转化及其毒性

铅是对人体有害的元素之一。经消化道进入人体的铅,有 5%～10% 被人体吸收;通过呼吸道吸入肺部的铅,其吸收(沉积)率为 30%～50%。侵入体内的铅有 90%～95% 形成难溶性 $Pb_3(PO_4)_2$ 沉积于骨骼,其余则通过排泄系统排出体外。蓄积在骨骼中的铅,当遇上过度劳累、外伤、感染发烧、患传染病或食入酸碱性药物,使血液平衡改变时,它可再变为可溶性 $PbHPO_4$ 而进入血液,引起内源性中毒。

铅主要损害骨骼造血系统和神经系统,对男性生殖腺亦有一定的损害。铅可以干扰血红素的合成而引起贫血。铅引起贫血的另一个原因是溶血,它能抑制血红细胞膜上的三磷酸腺苷酶,使细胞内外的 K^+、Na^+ 和 H_2O 脱失而溶血。铅可引起神经末梢神经炎,出现运动和感觉障碍。人体内血铅的正常含量应低于 0.4$\mu g/L$,

当血铅达到 $0.6 \sim 0.8\mu g/L$ 时，就会出现头痛、头晕、疲乏、记忆力减退和失眠，常伴有食欲不振、便秘、腹痛等消化系统的症状。

特别要指出的是，儿童的脑组织对铅十分敏感，长期低剂量地接触铅可引起儿童智力减退，还与 $7 \sim 11$ 岁男孩的攻击行为、不法行为及注意力不集中有关。这是目前世界上无论发达国家还是发展中国家都高度重视的问题。孕妇体内过量的铅可通过胎盘输送给胎儿，使胎儿死亡、畸形或造成流产。为防止铅污染，我国规定饮用水中铅的最高允许浓度不超过 $0.05mg/L$；工业用水中铅的最高允许排放浓度不超过 $1.0mg/L$。

2. 铬

铬是人体必需的微量元素之一，在自然界中主要形成铬铁矿 $FeO \cdot Cr_2O_3$ 或 $Fe(CrO_2)_2$。铬及其化合物在工业生产中有广泛的用途，随着工业的发展和科技的进步，其需用量日益增长，而进入环境中的铬及其化合物所造成的污染也日趋严重。天然水体的铬污染主要来自铬铁冶炼、耐火材料、电镀、制革、颜料等化工生产排出的废水、废气和废渣。

（1）铬在土壤中的迁移转化

世界范围内，土壤中铬的含量在 $5 \sim 1500mg/kg$ 之间，其背景值为 $70mg/kg$。我国土壤铬的含量在 $17.4 \sim 118.8mg/kg$ 之间变动，背景值为 $57.3mg/kg$。冶炼、燃烧、耐火材料及化学工业等排放，含铬灰尘的扩散，堆放的铬渣，含铬废水污灌等都造成土壤铬污染。

土壤中铬主要以三价铬化合物存在，当它们进入土壤后，90%以上迅速被土壤吸附固定，在土壤中难以再迁移，土壤胶体对三价铬有强烈的吸附作用，并随 pH 值的升高而增强。土壤对六价铬的吸附固定能力较低，仅有 $8.5\% \sim 36.2\%$，不过普通土壤中活性六价铬的含量很小，这是因为进入土壤中的六价铬很容易还原成三价铬。在土壤中六价铬还原成三价铬，有机质起着重要作用，并且这种还原作用随 pH 值的升高而降低。另外，在 pH 为 $6.5 \sim 8.5$ 的条件下，土壤的三价铬能被氧化成六价铬，其反应为：

$$4Cr(OH)_2^+ + 3O_2 + 2H_2O \longrightarrow 4CrO_4^{2-} + 12H^+$$

同时，土壤中存在氧化锰也能使三价铬氧化成六价铬，因此，三价铬转化成六价铬的潜在危害不容忽视。

土壤溶液中 Cr^{3+} 存在形态主要为 $Cr(H_2O)_6^{3+}$ 及其水解产物 $Cr(H_2O)_5(OH)^{2+}$、$Cr(H_2O)_4(OH)_2^+$、$Cr(OH)_3(H_2O)_3$ 以及它们的聚合物。在 pH 值为 $8 \sim 9$ 的碱性土壤和氧化能力强的土壤中，Cr^{6+} 多以 CrO_4^{2-} 形态存在。

（2）铬在水体中的迁移转化

铬是广泛存在于环境中的元素。冶炼、电镀、制革、印染等工业将铬废水排入水体，均会使水体受到污染。

铬的价态较多，通常有 0、+2、+3、+6，在水体中最重要的价态是+3 和+6，Cr^{3+} 除能水解、配合、沉淀外，Cr^{3+} 与 Cr^{6+} 之间的相互转化是重要的反应，它影响到铬的迁移转化、归宿及毒性等。

天然水体中的 Cr^{3+} 在碱性介质中，可被水体中的溶解氧、Fe^{3+} 及 MnO_2 氧化成为 Cr^{6+}。而在酸性介质中，Cr^{6+} 可被水体中的 S^{2-}、Fe^{2+}、有机物等还原为 Cr^{3+}。实验证明天然水体中转化为 Cr^{3+} 的速率较慢，而在有机物作用下 Cr^{6+} 转化为 Cr^{3+} 是主要过程。因此，造成水体污染的主要是 Cr^{3+}。在天然水体的 pH 值（6.5～8.5）和 pE 值范围内，$Cr(OH)_3$（s）是铬的主要存在形态，它被吸附在固体物质上而沉积于底泥中。Cr^{3+} 能强烈地形成配合物，且铬配合体的配合交换速率较慢。已知 Cr^{3+} 能与氨、尿素、乙二胺、卤素、SO_4^{2-}、有机酸、腐殖酸等形成配合物，其中多数在溶液中能长时间稳定存在。但在天然水的 pH 值条件下，这些配合物大多数转化成更稳定的 $Cr(OH)_3$。铬在水体中的迁移能力与排入水体中铬的形态、水中胶体对铬的吸附能力、水中 pH 值、pE 值等条件密切相关。排入水体的铬若以 Cr^{3+} 为主，溶解 $Cr(OH)_3$ 较慢，而 Cr^{3+} 易被水体底泥、悬浮物吸附。当悬浮物较多时，则 Cr^{3+} 吸附后随着水流迁移到较远的下游区，最后转入固相，降低了铬的迁移能力。若排入水体的铬以 Cr^{6+} 为主，水体有机质较少，则能以 Cr^{6+} 的可溶性盐存在，具有一定的迁移能力；当水体中有机质较多时，则它能很快地将 Cr^{6+} 还原为 Cr^{3+}，而后被吸附沉降进入底泥，降低了铬的迁移能力。

（3）铬在生物中的迁移转化及其毒性

Cr^{3+} 在人体内与脂类代谢有密切关系，参与正常的糖代谢和胆固醇代谢过程，促进人体内胰岛素功能和胆固醇的分解与排泄。在一般情况下，人体每天从环境（主要是食物）中摄取数微克的铬。人体缺铬（<0.1μg/L）会导致血糖升高，产生糖尿，还会引起动脉粥样硬化症。有人指出，近视眼的发生与缺铬有关。铬对植物生长有刺激作用，可提高产量。但由于环境铬污染，摄入过多的铬将对人和动植物产生危害。

水体中铬的毒性与它的存在形态有关。由于胃肠对 Cr^{6+} 的吸收率比 Cr^{3+} 高，通常认为 Cr^{6+} 的毒性比 Cr^{3+} 约高 100 倍，但在胃的酸性条件下，Cr^{6+} 易被还原为 Cr^{3+}。Cr^{6+} 在体内可影响物质的氧化、还原和水解过程，能与核酸蛋白结合；还可抑制尿素酶的活性，促进维生素 C 的氧化，阻止半胱氨酸氧化。长期经消化道摄入大量的铬，可在体内蓄积，Cr^{6+} 的致癌作用已被确认，Cr^{6+} 还被怀疑有致畸、致突变作用。口服重铬酸盐的颗粒会引起恶心、呕吐、胃炎、腹泻和尿毒症等，严重时会导致休克、昏迷，甚至死亡。含 Cr^{6+} 化合物对皮肤和黏膜的刺激和伤害也很严重，可引起皮炎、鼻中隔穿孔等。

铬对水生生物有致死作用，它能在鱼类的体内蓄积。对于水生生物，Cr^{3+} 的毒性比 Cr^{6+} 高。当水中含铬 1mg/L 时可刺激生物生长；当水中含铬 1～10mg/L 时会使生物生长缓慢；当水中含铬 100 mg/L 时则几乎完全使生物停止生长，濒于死亡。

铬的生物半衰期相对比较短，容易从排泄系统排出体外，因而与汞、镉、铅相比，铬污染的危害性相对小一些。但是，铬污染具有潜在的危害性，必须引起应有的重视。为此，对环境中铬的排放应严加控制。电镀业尽可能采用低毒或无毒物质代替铬。我国规定，生活饮用水中 Cr^{6+} 的浓度应低于 0.05mg/L；地面水中 Cr^{6+} 的最高允许浓度为 0.1mg/L，Cr^{3+} 的最高允许浓度为 0.5mg/L。工业废水中 Cr^{6+} 及其化合物的最高允许排放标准为 0.5mg/L。

3. 镉

镉在金属电镀工业中有广泛的应用，水中镉的污染物主要来源于工业废水和采矿废物。镉是剧毒性金属，急性镉中毒会给人体造成严重的损害，体征表现在高血压、肾损伤、睾丸组织和红细胞破坏等。日本"痛痛病"就是由镉污染引起的典型环境公害事件，事件的起因在于受害者饮用了被镉严重污染的神通川河水，或者食用了含有镉污染的稻米。镉中毒者的主要病症是骨折，痛苦不堪，"痛痛病"即由此而来。

（1）镉在土壤中的迁移转化

镉在地壳中的丰度为 0.2mg/kg，在世界范围内，未污染土壤中镉的含量在 0.01～0.7mg/kg 之间。我国土壤中镉的含量在 0.017～0.332mg/kg 之间，其背景值为 0.079mg/kg。

废水中的镉可被土壤吸附，一般在 0～15cm 土壤表层累积，15cm 以下含量显著减少。土壤中镉以 $CdCO_3$、$Cd_3(PO_4)_2$ 及 $Cd(OH)_2$ 的形态存在，其中以 $CdCO_3$ 为主，尤其是在 pH>7 石灰性土壤中。

土壤中镉的形态通常分为以下 7 类。

① 可交换态镉　通过静电吸附于黏粒、有机颗粒和水合氧化物，可交换负电。

② 铁锰氧化物结合态镉　与 Fe、Mn 以及 Al 的氧化物、氢氧化物和水合氧化物的吸着作用或共沉淀，以及作为黏土矿物被包裹或可分离颗粒的形式存在。

③ 碳酸盐态镉　土壤中游离 $CaCO_3$、碳酸氢盐和碱的含量很高时，镉与之反应生成碳酸盐沉淀（还与磷酸盐反应生成沉淀）。

④ 有机态镉　镉与有机成分起配合作用，形成螯合物或被有机物所束缚，这

部分镉通常还包括硫化物态镉。

⑤ 硫化物态镉 在通气不良的土壤中,镉以极不溶和稳定的硫化物形态(如 CdS)存在。

⑥ 晶格态镉 又称残余态镉,是指固定于矿质颗粒晶格内的那部分镉。

⑦ 可溶态镉 以离子态(Cd^{2+})或配位离子形式,如 $CdCl_4^{2-}$、$Cd(NH_3)_4^{2+}$、$Cd(HS)_4^{2-}$ 等,存在于土壤溶液中。

(2)镉在水体中的迁移转化

镉的价态较少,除单质 Cd 外,一般为 +2 价态。镉排入水体以后主要决定于水中胶体、悬浮物等颗粒物对镉的吸附和沉淀过程。河流底泥与悬浮物对镉有很强的吸附作用。它们主要由黏土矿物、腐殖质等组成。已有证明,底泥对 Cd^{2+} 的富集系数为 5000~50000,而腐殖质对 Cd^{2+} 的富集能力更强。这种吸附作用及其后可能发生的解吸作用,是控制水体中镉含量的主要因素。

由于镉的标准电极电势较低,所以一般水体中不可能出现单质 Cd。镉的硫化物、氢氧化物、碳酸盐为难溶物。镉在环境中易形成各种配合物或螯合物,和 Hg^{2+} 相似,在水中 Cd^{2+} 与 OH^-、Cl^-、SO_4^{2-} 等配合生成 $CdOH^+$、$Cd(OH)_2$、$Cd(OH)_3^-$、$CdCl^+$、$CdCl_2$、$CdCl_3^-$、$CdCl_4^{2-}$、$Cd(NH_3)_2^{2+}$、$Cd(NH_3)_3^{2+}$、$Cd(NH_3)_4^{2+}$、$Cd(NH_3)_5^{2+}$ 与 $Cd(HCO_3)_2$、$CdHCO_3^+$、$CdCO_3$、$CdOHCl$、$CdSO_4$。Cd^{2+} 与各种无机配合体组成的配合物的稳定性顺序大致为:$SH^- > CN^- > P_3O_{10}^{5-} > P_2O_7^{4-} > CO_3^{2-} > OH^- > PO_4^{3-} > NH_3 > SO_4^{2-} > I^- > Br^- > Cl^- > F^-$;$Cd^{2+}$ 也能与腐殖质等有机配体配合。

当 $[Cl^-] < 10^{-3} mol/L$ 时,开始形成 $CdCl^+$;当 $[Cl^-] > 10^{-3} mol/L$ 时,主要以 $CdCl_2$、$CdCl_3^-$、$CdCl_4^{2-}$ 配合物形式存在。在一般河水中 $[Cl^-] > 10^{-3} mol/L$。海水中 $[Cl^-]$ 约为 0.5mol/L,这种配合作用均不能忽视。同时,镉与腐殖质的配合能力较大,更不能忽略这一作用。

当有 S^{2-} 存在时,Cd^{2+} 转化为难溶的 CdS 沉淀,特别是在厌氧的还原性较强的水体中,即使 $[S^{2-}]$ 很低,也能在很宽的 pH 值范围内形成 CdS 沉淀。它具有高度的稳定性,是海水和土壤中控制镉含量的重要因素。

(3)镉在生物中的迁移转化及其毒性

镉不是人体必需的元素。许多植物如水稻、小麦等对镉的富集能力很强,使镉及其化合物能通过食物链进入人体。另外,饮用镉含量高的水,也是导致镉中毒的一个重要途径。镉的生物半衰期长,从体内排出的速度十分缓慢,容易在肾脏、肝脏等部位蓄积,在脾、胰、甲状腺、睾丸、毛发也有一定的蓄积。新生儿体内含镉 1μg;从事镉职业、体重 70kg 的 50 岁男子全身蓄积的镉量约为 30mg,即为新生

儿的 3×10^4 倍。进入人体的镉，在体内形成镉硫蛋白，通过血液到达全身。镉与含羟基、氨基、巯基的蛋白质分子结合，能使许多酶系统受到控制，从而影响肝、肾器官中酶系统的正常功能。镉还会损害肾小管，使人出现糖尿、蛋白尿和氨基酸尿等症状，肾功能不全又会影响维生素 D_3 的活性，使骨骼疏松、萎缩、变形等。慢性镉中毒主要影响肾脏，最典型的例子是日本的"痛痛病"事件。

镉还可使温血动物和人的染色体（尤其是 Y 染色体）发生畸变。镉可干扰铁代谢，使肠道对铁的吸收降低，破坏血红细胞，从而引起贫血症。镉对植物生长发育是有害的。植物从根部吸收镉之后，各部位的含量依根＞茎＞叶＞荚＞籽粒的次序递减，根部的镉含量一般可超过地上部分的两倍。

镉一旦排入环境，它对环境的污染就很难消除。因此预防镉中毒的关键在于控制排放和消除污染源。我国规定，生活饮用水中含镉最高允许浓度为 $0.005\mathrm{mg/L}$，地表水的最高允许浓度为 $0.01\mathrm{mg/L}$，渔业用水为 $0.005\mathrm{mg/L}$；工业废水中镉的最高允许排放浓度为 $0.1\mathrm{mg/L}$。有研究表明，硒（Se）对镉的毒性有一定的拮抗作用。这可能与 Se 是氧族元素，镉与 Se 能较稳定地结合在一起，使镉失去活性有关。

4. 汞

汞是一个重要的有毒重金属污染物，环境中普遍有汞的存在，汞的元素丰度在地壳中占第 63 位，在海洋中居第 40 位，所以汞在各圈层中的储量及在各圈层间迁移通量都较小。

（1）汞在土壤中的迁移转化

汞在工业、农业、医药卫生等领域得到广泛应用，它可以通过各种途径进入土壤。在世界范围，土壤中汞的含量在 $0.03 \sim 0.3\mathrm{mg/kg}$ 之间，我国土壤中汞的含量在 $0.006 \sim 0.272\mathrm{mg/kg}$ 之间变化，背景值为 $0.04\mathrm{mg/kg}$。

土壤中汞的污染来自工业污染、农业污染及某些自然因素。汞的天然释放是土壤中汞的重要来源，农业污染大部分是有机汞农药所致，工业污染主要是含汞废水、废气、废渣排放而污染土壤。汞进入土壤后 95% 以上能迅速被土壤吸附或固定，这主要是由于土壤的黏土矿物的有机质对汞有强烈的吸附作用，因此汞容易在表层累积，并沿土壤的纵深垂直分布递减。汞在土壤中最重要的非微生物反应之一是：

$$2Hg^+ \Longleftrightarrow Hg^{2+} + Hg^0 \quad \lg K = -1.94$$

此外，各种化合物中的 Hg^{2+} 也可被土壤微生物还原为金属汞，并由于汞的挥发而向大气中迁移。汞以下列转化使其在土壤中滞留：

$$Hg^0 \longrightarrow Hg^{2+} \longrightarrow HgS$$

　　土壤中汞的化合物还可被微生物作用转化成甲基汞，它可通过食物链的作用进入人体，也可自行挥发使汞由土壤向大气迁移。植物能直接通过根系吸收汞，在很多情况下，汞化合物可能是在土壤中先转化为金属汞或甲基汞后才被植物吸收。土壤中汞的化学形态可分为金属汞、无机化合态汞和有机化合态汞。

　　① 金属汞　　在正常的土壤 E_h 和 pH 值范围内，汞能以零价态存在是土壤中汞的重要特点。土壤中金属汞的含量甚微，但迁移性很强，可从土壤向大气挥发，并随着土壤温度的增加，其挥发速率加快。

　　② 无机化合态汞　　无机化合态汞有 $HgCl_2$、$HgCl_3^-$、$HgCl_4^{2-}$、$Hg(OH)_2$、$Hg(OH)_3^-$、$HgSO_4$、$HgHPO_4$、HgO 和 HgS 等。

　　③ 有机化合态汞　　以有机汞（如甲基汞、乙基汞等）和有机配合汞（如土壤腐殖质配合汞等）普遍存在。

　　(2) 汞在水体中的迁移转化

　　水体汞污染主要来自使用含汞污水。另外，废气和废渣中的汞经雨水洗涤及径流作用，最终也都转移到水体中。排入水体中的汞化合物，可以发生扩散、沉降、吸附、聚沉、水解、配合、螯合、氧化-还原等一系列的物理化学变化及生化变化。

　　① 汞的吸附　　存在于水体底泥、悬浮物中的各种无机物和有机物，它们具有巨大的比表面积和很高的表面能，因此对于汞和其他金属有强烈的吸附作用。研究表明无论是悬浮态还是沉积态中，均以腐殖质对汞的吸附能力最大，且吸附量不受氯离子浓度变化的影响。由于吸附作用决定了汞在天然水体的水相中含量极低，本底值一般不超过 $1.0\mu g/L$（泉水可达 $80\mu g/L$ 以上）。所以，从各污染源排放的汞污染物，主要富集在排放口附近的底泥和悬浮物中。

　　② 汞的化学行为　　排入水体的汞可发生各种化学反应。除 Hg^{2+} 和有机汞离子的高氯酸盐、硝酸盐、硫酸盐是较易溶的强电解质外，一般汞化合物的溶解度较小，HgS 最难溶。Hg^{2+} 及有机汞离子可与多种配体发生配合反应。

$$R—Hg^+ + X^- \Longrightarrow R—HgX$$

　　式中，X^- 为提供电子对的配体，如 Cl^-、OH^-、NH_3、S^{2-} 等。S^{2-} 和含有 —SH 基的有机化合物对汞的亲和力最强，其配合物的稳定性最高。当 S^{2-} 大量存在时，

$$Hg^{2+} + 2S^{2-} \Longrightarrow HgS_2^{2-}$$

腐殖质与汞配合的能力也很强，并且它在水体中是主要的有机胶体。当水体中无 S^{2-} 和 —SH 存在时，汞离子主要与腐殖质螯合。

　　Hg^{2+} 和有机汞离子能发生水解反应，生成相应的羟基化合物。

$$Hg^{2+} + H_2O \Longrightarrow HgOH^+ + H^+$$

$$Hg^{2+} + 2H_2O \Longleftrightarrow Hg(OH)_2 + 2H^+$$

当水体的 pH<2 时，不发生水解；pH 为 5～7，Hg^{2+} 几乎全部水解。

汞有三种不同价态，但在水环境中主要为单质汞和二价汞。当水体 pH 值在 5 以上和中等氧化条件下，大部分是属于单质汞；而在低氧化条件下，汞被沉淀为 HgS。

（3）汞在生物中的迁移转化及其毒性

环境中的 Hg^{2+}，在某些微生物的作用下，转化为含有甲基（—CH_3）的汞化合物的反应称为汞的甲基化。甲基汞具有脂溶性和高神经毒性，在细胞中可以整个分子原形积蓄。在含甲基汞的污水中，鱼类、贝类可以富集一万倍，鲨鱼、箭鱼、枪鱼、带鱼及海豹体内的汞含量最高。它主要通过食物链进入人体与胃酸作用，产生氯化甲基汞，经肠道几乎全部被吸收于血液中，并被输送到全身各器官尤其是肝和肾；其中有约 15% 进入脑细胞。由于脑细胞富含类脂，脂溶性的甲基汞对类脂有很强的亲和力，所以容易蓄积在细胞中，主要部位为大脑皮层和小脑，故有向心性视野缩小、运动失调、肢端感觉障碍等临床表现，常见的症状为手脚麻木、哆嗦、乏力、耳鸣、视力范围变小、听力困难、语言表达不清、动作迟缓等。水俣病即是由甲基汞中毒引起的神经性疾病。甲基汞所致脑损伤是不可逆的，迄今尚无有效疗法，往往导致死亡或遗患终身，并能危及后代健康。无机汞化合物难于吸收，但 Hg^{2+} 与体内的—SH 有很强的亲和力，能使含巯基最多的蛋白质和参与体内物质代谢的主要酶类失去活性。长期与汞接触的人有牙齿松弛、脱落，口水增多，呕吐等症状，重者消化系统和神经系统机能被严重破坏。为防止汞中毒，我国规定环境中汞的最高允许浓度：生活饮用水中汞的最高允许浓度为 0.0001mg/L，地表水为 0.001mg/L；工业废水排放汞及其化合物最高允许排放浓度为 0.05mg/L。

5. 砷

砷的氧化物俗名叫砒霜，其毒性广为人知。砷的毒性很高，摄入 $100\mu g$ 砷就会引起急性砷中毒。如果在一段时间内摄入少量的砷，可能会导致慢性砷中毒。岩石中砷的平均含量为 $(2～5)\times10^{-6}$。矿物燃料中含有不同程度的砷，燃烧后，其中的砷将释入环境。砷与磷是同族元素，磷酸盐矿中伴生有砷，它将随同某些磷化物一起进入环境。在铜、铅和金的冶炼过程中，砷是一种副产品，目前，砷的产量已供过于求，只得以废物的形式予以积存。

（1）砷在土壤中的迁移转化

在世界范围内，土壤中砷的含量一般在 0.1～58mg/kg 之间。我国土壤中砷的含量在 2.5～33.5mg/kg 之间变动，背景值为 9.6mg/kg。

由于土壤中 Ca、Fe 和 Al 均可固定砷，通常砷集中在表土层 10cm 以内，只有在某些情况（如施磷肥）下，可稍增加砷的移动性，淋洗至较深土层。

土壤中砷的形态可分为离子吸附态、结合态、砷酸盐或亚砷酸盐态、有机态等几种形态。

① 离子吸附态砷　是指被胶体吸附的部分，另外还包括水溶性砷和部分可交换态砷。

② 离子结合态砷　指被土壤吸附并与钙、铝、铁等离子结合形成复杂的不溶于水的砷化物。

③ 砷酸盐或亚砷酸盐态　旱地土壤中的砷以砷酸为主要存在的形态；在水淹没情况下随氧化还原电位降低，亚砷酸形态增加。

④ 有机态砷　在一般情况下，土壤中的砷大多以无机形态存在，也发现有有机砷存在，多为一甲基砷酸盐和二甲基砷酸盐。

土壤中砷形态根据植物吸收的难易划分，一般可分为水溶性砷、吸附性砷和难溶性砷。水溶性砷和吸附性砷是植物可吸收利用的部分。植物在生长过程中，可从外界环境吸收砷，并且有机态砷被植物吸收后，可在体内逐渐降解为无机态砷。

（2）砷在水体中的迁移转化

理论上砷可以有 +5、+3、0、-3 四种价态。但单质砷在天然水中极少存在，-3 价的砷只有在强还原性条件下以 AsH_3（g）形态存在，所以，砷在天然水体中的存在形态主要是氧化态的 As^{3+} 和 As^{5+}。不同水源和地理条件的水体中，砷的存在形态不同，砷的含量也有较大差异。

As_2O_3 是以酸性为主的两性氧化物，微溶于水而易溶于碱溶液。在 25℃ 水中的溶解度为 21g/L（相当于 0.106mol/L）。虽然没有分离出亚砷酸，但是许多亚砷酸盐已经制得。在中性弱酸性溶液中，主要以 H_3AsO_3 形式存在，它是两性物质但具有明显的酸性；在碱性溶液中可以 $H_2AsO_3^-$、$HAsO_3^{2-}$、AsO_3^{3-} 形式存在。

As_2O_5 的酸性强于 As_2O_3，易溶于水，形成的砷酸为三元酸，在水中形成 $H_2AsO_4^-$、$HAsO_4^{2-}$ 及 AsO_4^{3-} 三种离子。砷酸在弱酸、中性或弱碱性（pH 值为 4~9）水体中主要以 $H_2AsO_4^-$ 及 $HAsO_4^{2-}$ 形态存在；在强酸性（pH<3.6）的水中主要以 H_3AsO_4 形态存在；只有在强碱性（pH>12.5）条件下主要以 AsO_4^{3-} 形式存在。

砷酸在氧化性水体中是稳定的；在中等还原条件或较低 pE 值条件下亚砷酸较稳定；在低 pE 值时单质砷较稳定；在很低的 pE 值可形成 AsH_3，它极难溶于水。若水体中溶解有一定量的含硫化合物（S^{2-} 或 HS^-、SO_4^{2-} 等），则 pH 值低于 5.5，pE<0V 下，可形成占有优势的形态 H_3AsS_3。由于 H_3AsS_3 的溶解度很小（约 0.025mg/L），体系中砷含量高时就会出现 AsS 和 As_2S_3 的固相，pH 值高于

3.7 时 $H_2AsS_3^-$ 及 $HAsS_3^{2-}$ 占优势。砷的化合物可以在厌氧细菌作用下被还原，发生甲基化反应，生成剧毒的挥发性的二甲基胂和三甲基胂。它们可被氧化成为相应的甲胂酸或二甲胂酸。甲胂酸极不易降解，但在热力学上是很不稳定的，易被氧化和细菌脱甲基化而转化成为毒性较小的物质，回到无机砷化合物的形态。与汞相似，自然界中存在砷的甲基化循环。

在水体中，砷以各种形态的砷酸根离子存在，它们与水体中的其他阳离子可形成难溶盐，还可以发生吸附、共沉淀现象。各种砷酸根离子都带有负电荷，因此均可被带正电荷的水合氧化铁、水合氧化铝等胶体吸附沉降。其原理被认为是阴离子与羟基的交换或取代作用。

（3）砷在生物中的迁移转化及其毒性

砷及其化合物一般可通过水、空气和食物等途径进入人体，造成危害。如果摄入量超过排出量，砷就会在人体的肝、肾、脾、肺、子宫、骨骼、肌肉等部位，特别是在毛发、指甲中蓄积，从而引起慢性砷中毒，潜伏期可长达几年甚至数十年。砷中毒主要是 As^{3+} 与人体细胞中酶系统的巯基结合，使细胞代谢失调，营养发生障碍，对神经细胞的危害最大。As^{3+} 还能通过血液循环作用于毛细血管壁，使其透性增大，麻痹毛细血管，造成组织营养障碍，产生急性或慢性中毒。慢性砷中毒有消化系统症状（如缺乏食欲、胃痛、恶心、肝肿大）、神经系统症状（如神经衰弱、多发性神经炎）和皮肤病变等，其中尤以皮肤病变比较突出，主要表现为皮肤色素高度沉着和皮肤高度角化，发生龟性溃疡，甚至可恶变为皮肤癌。有报道称，长期吸入砷也会引起肺癌。历史上发生过多次砷中毒事件。1900 年，英国曼彻斯特因啤酒中添加含砷的糖，造成 6000 人中毒，71 人死亡。1955 年，日本森永奶粉公司使用含砷的中和剂（As_2O_3）造成 12100 人中毒，其中约 130 人因脑麻痹而死亡。美国也因使用含砷酸铅的农药，多次发生砷中毒事件。砷化合物对农作物产生毒害作用的最低浓度为 3mg/L。因此，应严格控制含砷废气、污水的排放。我国规定生活饮用水的砷含量不得超过 0.05 mg/L；地表水中砷的最高允许浓度为 0.1 mg/L，工业废水最高允许排放浓度为 0.5 mg/L。

学习情境六

环境中卤素及其化合物

【引入案例】 臭氧在大气中从地面到70km的高空都有分布，其最大浓度在中纬度24km的高空，向极地缓慢降低，最小浓度在极地17km的高空。20世纪50年代末到70年代就发现臭氧浓度有减少的趋势。1985年英国南极考察队在南纬60°地区观测发现臭氧层空洞，引起世界各国极大关注。臭氧层的臭氧浓度减少，使得太阳对地球表面的紫外辐射量增加，对生态环境产生破坏作用，影响人类和其他生物有机体的正常生存。关于臭氧层空洞的形成，在世界上占主导地位的是人类活动化学假说：人类大量使用的氯氟烷烃化学物质（如制冷剂、发泡剂、清洗剂等）在大气对流层中不易分解，当其进入平流层后受到强烈紫外线照射，分解产生氯自由基，自由基同臭氧发生化学反应，使臭氧浓度减少，从而造成臭氧层的严重破坏。为此，1987年在世界范围内签订了限量生产和使用氟氯烷烃等物质的蒙特利尔协定。另外还有太阳活动说等说法，认为南极臭氧层空洞是一种自然现象。关于臭氧层空洞的成因，尚有待进一步研究。

任务　测定生物样品中氟

一、知识目标

1. 了解植物样品的采集和预处理方法；
2. 掌握扩散-氟试剂比色法测定氟的原理；

3. 掌握扩散-氟试剂比色法测定氟的操作技术。

二、能力目标

1. 能够绘制标准曲线图；

2. 能够利用标准曲线图查找待测物质的含量；

3. 能够按要求制备植物样品。

三、任务准备

1. 试剂

① 硫酸银-硫酸溶液（20g/L） 称取 2g 硫酸银，溶于 100mL 硫酸（3+1）中。

② 氢氧化钠-无水乙醇溶液（40g/L） 取 4g 氢氧化钠，溶于无水乙醇并稀释至 100mL。

③ 乙酸（1mol/L） 取 3mL 冰乙酸，加水稀释至 50mL。

④ 乙酸钠溶液（250g/L）。

⑤ 茜素氨羧配合剂溶液 称取 0.19g 茜素氨羧配合剂，加少量水及氢氧化钠溶液（40g/L）使其溶解，加 0.125g 乙酸钠，用乙酸溶液（③）调节 pH 为 5.0（红色），加水稀释至 500mL，置冰箱内保存。

⑥ 硝酸镧溶液 称取 0.22g 硝酸镧，用少量乙酸溶液（③）溶解，加水至约 450mL，用乙酸钠溶液（④）调节 pH 为 5.0，再加水稀释至 500mL，置冰箱内保存。

⑦ 缓冲液（pH 为 4.7） 称取 30 g 无水乙酸钠，溶于 400mL 水中，加 22mL 冰乙酸，再缓缓加冰乙酸调节 pH 为 4.7，然后加水稀释至 500mL。

⑧ 二乙基苯胺-异戊醇溶液（5+100） 量取 25mL 二乙基苯胺，溶于 500mL 异戊醇中。

⑨ 硝酸镁溶液（100g/L）。

⑩ 氢氧化钠溶液（40g/L） 称取 4g 氢氧化钠，溶于水并稀释至 100mL。

⑪ 氟标准溶液 准确称取 0.2210g 经 95～105℃ 干燥 4h 并冷却的氟化钠，溶于水，移入 100mL 容量瓶中，加水至刻度，混合均匀。置冰箱中保存。此溶液每毫升相当于 1.0mg 氟。

⑫ 氟标准使用液 吸取 1.0mL 氟标准溶液，置于 200mL 容量瓶中，加水至刻度，混合均匀。此溶液每毫升相当于 5.0μg 氟。

⑬ 丙酮。

2. 仪器

塑料扩散盒、恒温箱、电子天平、可见分光光度计、酸度计、马弗炉。

【注意】 塑料扩散盒为内径 4.5cm，深 2cm，盖内壁顶部光滑，并带有凸起的圈（盛放氢氧化钠吸收液用），盖紧后不漏气。其他类型塑料盒亦可使用。

四、任务实施

1. 操作步骤

(1) 标准曲线绘制

① 取塑料盒若干个，分别于盒盖中央加 0.2mL 氢氧化钠-无水乙醇溶液（40g/L），在圈内均匀涂布，于（55±1）℃恒温箱中烘干，形成一层薄膜，取出备用。

② 分别于塑料盒内加 0.0mL、0.2mL、0.4mL、0.8mL、1.2mL、1.6mL 氟标准使用液（相当于含氟 0、1μg、2μg、4μg、6μg、8μg）。补加水至 4mL，各加硫酸银-硫酸溶液（20g/L）4mL，立即盖紧，轻轻摇匀（切勿将酸溅在盖上），置（55±1）℃恒温箱内保温 20h。

③ 将盒取出，取下盒盖，分别用 20mL 水，少量多次地将盒盖内氢氧化钠薄膜溶解，用滴管小心完全地移入 100mL 分液漏斗中。

④ 分别于分液漏斗中加 3mL 茜素氨羧配合剂溶液、3mL 缓冲液、8mL 丙酮、3mL 硝酸镧溶液、13mL 水，混合均匀，放置 10min，加入 10mL 二乙基苯胺-异戊醇溶液（5＋100），振摇 2min，待分层后，弃去水层，分出有机层，并用滤纸过滤于 10mL 带塞比色管中。

⑤ 用 1cm 比色皿于 580nm 波长处以标准零管调节零点坐标，吸光值为纵坐标，绘制标准曲线。

(2) 样品处理

① 谷类样品　稻谷去壳，其他粮食除去可见杂质碎，过 40 目筛。取有代表性样品 50～100g。

② 蔬菜、水果　取可食部分，洗净、晾干、切碎、混合均匀，称取 100～200g样品，80℃鼓风干燥，粉碎，过 40 目筛。结果以鲜重表示，同时要测水分。

③ 特殊样品（含脂肪高、不易粉碎过筛的样品，如花生、肥肉、含糖分高的果实等）　称取研碎的样品 1.00～2.00g，置于坩埚（镍、银、瓷等）内，加 4mL硝酸镁溶液（100g/L），加氢氧化钠溶液（100g/L）使呈碱性，混合均匀后浸泡0.5h，将样品中的氟固定，然后在水浴上将水分挥发干，再加热炭化至不冒烟，再于 600℃马弗炉内灰化 6h，待灰化完全，取出放冷，取灰分进行测定。

(3) 样品的测定

① 同标准曲线绘制操作步骤①。

② 称取 1.00～2.00g 处理后的样品，置于塑料盒内，加 4mL 水，使样品均匀分布，不能结块。加 4mL 硫酸银-硫酸溶液（20/L），立即盖紧，轻轻摇匀。如样品经灰化处理，则先将灰分全部移入塑料盒内，用 4mL 水分数次将坩埚洗净，洗液均倒入塑料盒内，并使灰分均匀分散，如坩埚还未完全洗净，可加 4mL 硫酸银-硫酸溶液（20g/L）于坩埚内继续洗涤，将洗液倒入塑料盒内，立即盖紧，轻轻摇匀，置（55±1）℃恒温箱内保温 20 h。

③ 以下同标准曲线绘制的操作步骤③～⑤。将测得的样品吸光值，在曲线上查出对应氟含量。

2. 实验记录

测定项目	氟标准使用液/mL					
	0.0	0.2	0.4	0.6	1.2	1.6
吸光度						
样品的质量/μg						
样品的吸光度						
从标准曲线上查得氟含量/μg						

3. 实验结果及计算

样品中氟的含量计算公式：

$$X = m_1 / m_2 \tag{6-1}$$

式中　X——样品中氟的含量，mg/kg；

　　m_1——测定用样品中氟的质量，μg；

　　m_2——测定用样品的质量，μg。

结果的表述：报告平行测定的算术平均值的二位有效数字，相对误差≤10%。

4. 注意事项

① 该实验所用药品较多，用时较长，在实验过程中必须严谨，才能得到理想的效果。

② 植物样品应洗净，因为植物表面黏附含氟杂质（如泥土、微粒等），会使实验的测定结果不能正确地反映植物体内的含氟量。

 【相关知识】

卤族元素指周期系ⅦA族元素。包括氟（F）、氯（Cl）、溴（Br）、碘（I）、砹（At），简称卤素。它们在自然界都以典型的盐类存在，是成盐元素。卤族元素的单质都是双原子分子，它们的物理性质的改变都是很有规律的，随着相对分子质量的增大，卤素分子间的色散力逐渐增强，颜色变深，它们的熔点、沸点、密度、原子体积也依次递增。卤素都有氧化性，氟单质的氧化性最强。

大气中含卤素的化合物主要是指有机的卤代烃和无机的氯化物、氟化物。其中以有机的卤代烃对环境影响最为严重。大气中的卤代烃包括卤代脂肪烃和卤代芳香烃。其中高级的卤代烃如有机氯农药 DDT、六六六和多氯联苯等主要以气溶胶形式存在，含两个或两个以下碳原子的卤代烃主要以气态形式存在。在地表它们导致形成酸雨、腐蚀建筑物和雕塑、损害人体健康、破坏植物生长等，起着破坏环境的作用。它们在平流层中对臭氧有破坏作用。大气中常见的卤代烃为甲烷的衍生物，如甲基氯、甲基溴和甲基碘。它们主要由天然过程产生，主要来自于海洋。此外，由于许多卤代烃是重要的化学溶剂，也是有机合成工业重要的原料和中间体，因此它们可通过生产和使用过程挥发到大气。在对流层中，三氯甲烷和氯乙烯等可通过与 OH·自由基反应，转化成盐酸然后经降水而被去除。

氟氯烃类化合物是指同时含有元素氯和氟的烃类化合物。其中比较重要的是一氟三氯甲烷（CFC11 或 F11）和二氟二氯甲烷（CFC12 或 F12）。它们可以用做制冷剂、气溶胶喷雾剂、电子工业的溶剂、制造塑料的泡沫发生剂和消防灭火剂等。大气中的氟氯烃类主要是通过它们的生产和使用过程进入大气的。由于氟氯烃类化合物的生产量逐年递增，近年来，它们在大气中的含量每年要增加 $(5\sim6)\times10^{-12}$（体积分数）。氟氯烃类化合物在对流层大气中性质非常稳定，由于它们能透过波长大于 290nm 的辐射，故在对流层大气中不发生光解反应；同时由于氟氯烃类的化合物与 OH·的反应为强吸热反应，故在对流层大气中，氟氯烃类化合物很难被 OH·氧化。此外由于氟氯烃类化合物不溶于水，因此它们也不容易被降水所清除。

卤族元素是人体的必需元素，适量有利于人体健康，否则会导致疾病的发生。正常情况下，一般摄入量成人不应超过：氟 4mg/d（少年 3mg/d），氯 $1.7\sim5.1g/d$（婴儿 $0.3\sim1.2g/d$），碘 $100\sim200\mu g/d$（儿童 $1\mu g/d$）。地下水中的卤素元素是人体中的重要来源，因此最好是寻找 F 含量 $0.5\sim1.0mg/L$，Cl 含量$<50mg/L$，Br 含量$>100\mu g/L$，I 含量 $10\sim100\mu g/L$ 的地下水作为生活饮用水源，有利于人体健康。

一、氟的环境意义和土壤中的迁移

1. 氟的环境意义

对人体而言，氟是一种必需的微量元素，正常情况下其平均含量约为 70mg/kg。适量的氟能被牙齿釉质的羟基磷灰石晶粒表面吸着，形成一种抗酸性的氟磷灰石的保护层，使牙齿硬度增高，提高牙齿的抗酸能力；同时氟离子还能抑制口腔中的乳酸杆菌，使牙缝中的酸类物质难以分解氧化成酸，故有预防龋齿的作用。

氟能防止龋病，很多市面上出售的牙膏中都含有一定微量的氟，但过量的氟会产生氟斑牙。氟是一种具有毒性的元素。严重的慢性氟中毒患者，可有骨骼的增殖性变化，骨膜、韧带等均可钙化，产生腰腿和全身关节症状。急性中毒症状为恶心、呕吐、腹泻，血钙与氟结合，形成不溶性的氟化钙，引起肌痉挛、虚脱和呼吸困难，以至死亡。氟也是重要的必需微量元素，适量的氟可防止血管钙化，氟不足时常出现佝偻病、骨质松脆和龋齿。

氟化物对人体的影响与其浓度和溶解度有关，氟化氢能迅速被吸收，而难溶的含氟粉尘不易被吸收。在工业生产条件下，氟化物可以通过呼吸道、消化道和皮肤等途径被人体吸收，一般认为通过消化道进入人体的氟对人体的危害大一些。氟被吸收后进入血液，75％在血浆中，25％在血细胞中。血浆中氟的75％与血浆蛋白结合，25％呈离子状态并发生生理反应；进入人体的氟，蓄积和排泄各占一半，蓄积于人体的氟大部分沉积在骨骼和牙齿中，氟的排泄主要通过肾脏。在实际工作中，长期接触过量的无机氟化物，会引起以骨骼改变为主的全身性疾病，称为工业性氟病。

氟在自然界的分布主要以萤石（CaF_2）、冰晶石（Na_3AlF_6）和磷灰石 $[Ca_5F(PO_4)_3]$ 等三种矿物形式存在。因此，土壤环境中氟的污染主要来源：一是上述富氟矿物的开采和扩散；二是在生产过程中使用含氟矿物或氟化物为原料的工业，如炼铝厂、炼钢厂、磷肥厂、玻璃厂、砖瓦厂、陶瓷厂和氰化物生产厂（如塑料、农药、制冷剂和灭火剂等）的"三废"排放；三是燃烧高氟原煤所排放到环境中的氟。所以，在这些矿山、工厂和发电厂附近，以及施用含氟磷肥的土壤中容易引起氟污染。此外引用含氟超标的水源（地表水或地下水）灌溉农田；或因地下水中含氟量较高，当干旱时氟随水分的上升、蒸发而向表层土壤迁移、累积，也可导致土壤环境的氟污染。例如，在我国的西北、东北和华北存在大片干旱的富氟盐渍低洼地区，其表层土壤含氟量可达 2000mg/kg（这是一般土壤背景值的 10 倍），它就是由于地下水含氟量较高所致。

环境中的氟化物超过一定浓度后将对生物造成影响。大气中的氟随气流、降水向周围地区扩散而最终落到地面，被植物、土壤吸收或吸附；水中的氟随水流迁移主要影响径流区的生物和土壤；而固体废物中的氟化物，因其结构稳定对环境影响较小。

2. 氟在土壤中的迁移

土壤中的氟，可以各种不同的化合物形态存在，且大部分为不溶性的或难溶性的。以难溶形态存在的氟不易被植物吸收，对植物是安全的。但是，土壤中的氟化物，可随水分状况以及土壤的 pH 值等条件的改变而发生迁移转化。例如，当土壤的 pH 值小于 5 时，土壤中活性 Al^{3+} 的量增加，F^- 可与 Al^{3+} 形成可溶性配离子 AlF_2^+、AlF^{2+}，而这两种配离子可随水进行迁移且易被植物吸收，并在植物体内累积。但当在酸性土壤中加入石灰时，大量的活性氟将被 Ca^{2+} 牢固地固定下来，从而可大大降低水溶性的氟含量。

土壤环境中的氟化物种类繁多，除了外界排放的冰晶石、氟化铝、氟化镁、氟硅酸钠，还有大量的有机氟化物，包括全氟有机物和选择氟代有机物。土壤中氟的形态一般可分为水溶态、可交换态、铁锰氧化物态、有机束缚态和残余固定态等。其中，水溶性氟和可交换态氟对植物、动物、微生物及人类有较高的有效性。

(1) 沉淀-溶解平衡

在土壤中，氟多以难溶化合物的形式存在于土壤矿物中。这些矿物包括萤石、氟镁石和冰晶石以及 AlF_3 和 FeF_3 等，系土壤中存在的较为稳定的含氟矿物。特别当土壤 pH＞5.0 时，这些含氟矿物更为稳定。不过，KF、NaF（氟盐）、CdF_2、$CuF_2 \cdot 2H_2O(s)$、ZnF_2 和 PbF_2 等含氟矿物的溶解度是比较高的，它们在土壤中是不会长久存在的。

由于从外界输入土壤中的 F^- 能与 Ca^{2+}、Ba^{2+} 和 Mg^{2+} 等盐类生成不溶性胶体氟化物沉淀于土壤中，这就容易造成大量氟在土壤表层积累。而且，这种沉淀作用是可逆的，一旦土壤条件发生变化，它就会溶解出来，重新转化为 F^-。

存在于土壤中的氟石矿物，也因溶解于土壤溶液中的 F^- 淋失或被植物吸收，有可能向形成沉淀相反的方向进行。

(2) 配合-解离平衡

在一些富铝化的酸性土壤中，由于存在着大量的游离 Al^{3+}，氯离子会发生一系列配合反应。一些研究也表明，在 pH＜6.0 酸性土壤中，Al-F 配合物（AlF_3、AlF_4^-、AlF^{2+}、AlF_2^+）为土壤溶液中氟的主要形态。

在极酸性土壤中，Fe-F 配合物（FeF_2^+、FeF^{2+}）为可溶性氟的重要组成部分。因为，在这种土壤溶液中，由于还存在着游离的 Fe^{3+} 也可能会发生一系列配合反应。

不仅如此，当土壤溶液中不存在 Al^{3+} 和 Fe^{3+} 等游离离子，氟具有使土壤中经常出现的层状硅酸盐和铁、铝氧化物这些矿物晶格解体，并把晶格内的 Al^{3+} 和 Fe^{3+} 带入土壤溶液的能力。

在土壤溶液中存在的一些低分子有机配位体，包括动、植物组织的天然降解有机产物，如氨基酸、羧酸、碳水化合物、低级醇和酚类物质等，可与金属氟配合物阳离子形成复杂的配合物。这种作用有利于这些中间配合产物和一些不稳定氟配合物的稳定作用。

土壤中氟离子的配合反应不利于氟阴离子沉淀反应的进行，而有利于土壤中存在的一些含氟矿物向溶解方向转化。

（3）吸附-解吸平衡

土壤溶液中的氟除与土壤中的某些金属离子发生反应而沉淀外，还可被土壤中的铁铝氧化物、黏土矿物和有机大分子吸附而失去活性。

土壤吸附性氟包括对氟阴离子（F^-）和金属-氟配合物阳离子的吸附。其中，对 F^- 吸附主要是通过与黏土矿物和土壤腐殖质上的 OH^- 的交换实现吸附，对金属-氟配合物阳离子的吸附则主要通过与黏土矿物或土壤腐殖质上的阳离子交换实现吸附。在红壤和黄壤等酸性、富铁铝土壤上吸附态氟主要是氟配离子，而在石灰性土壤和盐碱土上的吸附态氟主要是 F^-。

吸附态氟活性不高，除了已成为土壤黏土矿物晶格内的成分物质外。一般可通过解吸作用重新进入土壤溶液中而成为植物有效态氟。

F^- 相对交换能力较高，易与土壤中带正电荷的胶体，如含水氧化铝等结合，甚至可以通过配位基交换生成稳定的配位化合物，或生成难溶性的氟铝硅酸盐、氟磷酸盐，以及氟化钙、氟化镁等，从而在土壤中累积起来。因此，受氟污染的地区，土壤中氟含量可以逐年累积而达到很高值。例如，浙江杭嘉湖平原土壤含氟量平均约 400 mg/kg，高出全国平均含量的 1 倍。

（4）酸碱反应

从外界输入土壤溶液中的氢氟酸，遇水会发生部分电离：

$$HF \rightleftharpoons H^+ + F^-$$

或　　　　$$HF + H_2O \rightleftharpoons H_3O^+ + F^- \qquad HF + F^- \rightleftharpoons HF_2^-$$

当土壤受到酸性物质（如酸雨、酸性废水）的污染，会促使上述配合反应向解离的方向进行而释放出 F^-。

植物对土壤中氟的迁移与累积有着特殊的作用。土壤中的氟化物通过植物根部的吸收，经茎部积累在叶组织内，最后集积在叶的尖端和边缘部分。植物的叶片也可直接吸收大气中气态的氟化物。植物对氟的吸收，使氟从简单到复杂，从无机向有机转化，从分散到集中，最终以各种形态富集在土壤表层。

（5）食物链中的迁移

虽然植物中氟积累主要来自于大气，但土壤中外来氟的污染也会对植物造成一定影响。土壤中游离氟会通过植物根部吸收，从而进入植物体内，在植物中积累，参加植物的新陈代谢活动，影响植物的正常生长。受到氟污染的植物被食草性动物所食，就会进入动物体内，并进入食物链循环，从而产生生物放大作用，最终会影响到人类健康。

3. 氟在水体中的迁移

水中氟化物主要来源有三种：首先是天然氟，即萤石、冰晶石、氟磷灰石和云母等含氟矿物在物理风化作用下，经大气降水的冲刷、搬运后并溶解于水。其次是人为排放的氟，即人们在生产活动中排出含有氟的工业"三废"物质。最后是气态氟溶于水中。

（1）地表水中氟化物的迁移转化

地表水相比于地下水，受人类活动的影响更大。地表水中的氟化物主要是人为排放的含氟"三废"或者是各种有机氟化物。水中氟化物的反应类型相对土壤较简单，主要是水解反应，形成 MgF_2、GaF_2 等金属氟化物。当外界的氟化物不断进入水体时，它们也通过各种方式向外界进行迁移，迁移的方式主要有下面几种。

① 地表水中氟化物的一部分溶于水体当中，当温度达到一定的高度，水中易挥发的氟化物也会挥发到空气中，并且进入大气循环。

② 水中氟化物很容易进入水生生物体内，尤其是水中的有机氟化物的高脂溶性和难降解性使得它们更容易储存在生物体的脂肪内，从而进入食物链的传播，在此过程中，氟化物会通过不同的营养级传递，产生生物放大效应，最终进入人体内，影响人体内生化反应，危害人类健康。

③ 水中一部分氟化物漂浮在水体中，而另一部分氟化物则会被底泥吸附。结构复杂的有机氟化物不能通过简单的化学反应分解，却能够被底泥中的某些微生物降解。底泥中氟化物发生的一系列化学反应和土壤中发生的类似，它们都要在底泥中形成一个吸附-解吸平衡等化学平衡。

地表水中氟化物可以通过底泥进入浅层地下水，这是由于浅层地下水为直接受降水补给的潜水，它的上部没有连续、完整的隔水顶板，通过上部的透水层可与地表相通，因此，地表水的污染物可通过土壤下渗到地下水，从而使浅层地下水受到污染。中深层地下水为封闭的承压水，上下均有稳定的隔水层，不易受地表水污染的影响。

（2）地下水中氟化物的迁移转化

地下水相对于地表水而言，是一个封闭的体系，不易受到大气氟化物的污染，除了上面所提到的地表水的氟化物可通过土壤下渗到地下水外，地下水周围的含氟矿物质也会溶于地下水中。

地下水是人类的饮用水源，地下水中的氟化物可以直接进入人体内，在体内脂肪中积累，影响人体内生化反应的正常进行。地下水中氟化物除了被人类直接饮用外,一部分和矿物质反应,形成 CaF_2、MgF_2 等物质,这就是所谓的矿化。

二、氯、溴、碘元素的性质和环境学意义

1. 氯

氯气常温常压下为黄绿色气体,经压缩可液化为金黄色液态氯,是氯碱工业的主要产品之一,用作强氧化剂与氯化剂。氯气是一种有毒气体,它主要通过呼吸道侵入人体并溶解在黏膜所含的水分里,生成次氯酸和盐酸,对上呼吸道黏膜造成有害的影响:次氯酸使组织受到强烈的氧化;盐酸刺激黏膜发生炎性肿胀,使呼吸道黏膜浮肿,大量分泌黏液,造成呼吸困难,所以氯气中毒的明显症状是发生剧烈的咳嗽。症状重时,会发生肺水肿,使循环作用困难而致死亡。

人体对氯的需要量约为钠的一半,日常饮食及加入的食盐中所含的氯,一般能满足人体的需要。通常成人的安全和适宜摄入量为 1.7~5.1g(氯化物),婴儿为 0.275~1.200g,食盐是很好的氯食物源,食物中也含有大量的氯,平均每人只要摄入 3~9g 氯化物就满足机体的需要。

但是在一些病理情况下,可引起血液中氯化物的降低,导致氯缺乏或氯血症。长期或严重的呕吐、腹泻或洗胃、出汗过多及利尿药应用不当等均可引起氯缺乏。严重缺乏者可发生代谢性碱中毒,出现呼吸慢而浅、倦怠、食欲不振,部分肌肉痉挛以至出现全身痉挛。而氯过高或高氯血症,则是由于严重脱水、氯化物摄入过多、尿路阻塞、肾功能不全等引起,严重时可引起代谢性酸中毒,出现疲乏、眩晕、感觉迟钝、呼吸深快、心率加速、昏迷,以至死亡。在生活供水水源中,一般氯化物浓度超过 250mg/L 时,有些人可感到肠不适,超过 500mg/L 时就会产生一定的危害性。

城市污水经二级处理后,水质已经得到改善,细菌含量也大幅度减少,但是细菌的绝对数量仍然很大,并存在有病原菌的可能,必须除掉这些微生物后废水才可以安全地排入水体或循环再使用。

随着居民对生活品质要求的不断提高,污水处理厂的二级处理出水对城市水体造成的影响引起了人们对健康和安全问题更多的关注。消毒是使这些致病生物体灭活的基本方法之一,因此污水处理厂的尾水消毒已经成为污水处理中的重要工序,水处理专业人员也在不断探索污水消毒的最佳方法。

液氯消毒是向水中加入液氯或者次氯酸盐(如 NaClO)溶液消毒,在水中会发生如下反应。

$$Cl_2 + H_2O \Longrightarrow HClO + HCl$$
$$2NaClO + CO_2 + H_2O \longrightarrow Na_2CO_3 + 2HClO$$

$$2HClO \longrightarrow 2HCl + O_2$$

次氯酸（HClO）是弱酸，酸性比碳酸弱，不稳定，在光照下分解快。

2. 溴

溴是唯一在室温下是液态的非金属元素。有刺激性气味，其烟雾能强烈地刺激眼睛和呼吸道。对大多数金属和有机物组织均有侵蚀作用。溴的氧化性介于氯和碘之间。溴是一种氧化剂，它会把碘离子氧化成碘，同时自身还原成溴离子。

$$Br_2 + 2I^- \longrightarrow 2Br^- + I_2$$

溴也会把金属与类金属氧化成相对应的溴化物，通常无水的溴与含水的溴比起来活性较低，但无水的溴会与铝、钛、汞、锑、碱土金属与碱金属剧烈反应。

如果溴是溶解在含水的氢氧化物中的话，溴离子（Br^-）将会与次溴酸根（BrO^-）一起产生，产生的次溴酸根是溴化物具有漂白能力的原因。在一些化合物中，次溴酸根的自身氧化还原是定量的，其产生的溴酸根是与氯酸根相当相似的强氧化剂。

$$3BrO^- \longrightarrow BrO_3^- + 2Br^-$$

人体内全部组织均含有溴，它在人体的含量高达 200mg。约 60% 的溴分布在肌肉，12% 分布在血液，脑及全身组织中都含有一定量的溴化物。溴是一种有益于人体健康的微量元素，它对人体的中枢神经系统和大脑皮层的高级神经活动具有抑制和调节作用。

3. 碘

（1）碘的环境学意义

正常成人体内约含碘 25～36mg，人体内的碘约有 40%～60% 浓集在甲状腺内，其余分布在血浆、肌肉、肾上腺、皮肤、中枢神经、卵巢及胸腺等处。碘是人体合成甲状腺激素的必需原料，它的生理作用是通过甲状腺激素的生理作用表现出来的。

① 参与机体能量代谢 甲状腺激素对蛋白质、脂肪和碳水化合物的代谢有重要促进作用，同时可以提高机体的能量代谢水平，加强产热作用以参与体温的调节。因此，缺碘的人会出现基础代谢率下降，而甲状腺激素相对升高的甲亢患者会有热量释放提高的现象。

② 促进体格生长发育 生长发育期儿童的身高体重、骨骼、肌肉发育及性发育都需要甲状腺激素调控。此时期缺碘会导致身体矮小、肌肉无力、性发育迟缓等体格发育落后的症状和体征。从妊娠开始至出生后 2 岁，是人体神经系统特别是脑发育的特定时期，此期必须依赖甲状腺激素。缺乏甲状腺激素将会导致不同程度的脑发育落后，智力发育障碍。这种智障是不可逆的，也就是说，超过此期再补充

碘，对于大脑正常发育也无济于事了。

全世界因为缺碘引起的地方性甲状腺肿患者不下两亿，除日本等少数国家外，几乎所有国家都不同程度地有地方性甲状腺肿病患者，我国约有两三千万人。

人体摄入碘过量，不但无益反而有害，因此不论预防或治疗中，用碘量均不可过大。高碘甲状腺肿，是碘的摄入量超过人体生理需要量后所形成的甲状腺肿。其致病剂量低者为 0.5mg/d，高者为 1.0mg/d。而长期服用含碘药物，还会引起碘中毒，主要症状为恶心、呕吐、局部疼痛，甚至晕厥，突出的症状是血管神经性水肿，咽部的水肿可导致窒息。

（2）碘量法的应用

碘量法是氧化还原滴定法中，应用比较广泛的一种方法。碘可作为氧化剂而被中强的还原剂所还原；碘离子也可作为还原剂而被中强的或强的氧化剂氧化。

在环境监测中常常需要用到硫代硫酸钠（$Na_2S_2O_3$）作为还原剂滴定其他物质，如溶解氧，但其浓度不能精确配制，往往需要标定其准确的浓度，此时就需要用碘量法来间接滴定。其标定过程如下。

在 250mL 碘量瓶中，加入 100mL 蒸馏水和 1g 碘化钾，加入 10.00mL 0.0250mol/L 重铬酸钾标准溶液，5mL 2mol/L（$1/2\ H_2SO_4$）硫酸溶液，密塞，摇匀，于暗处静置 5min 后，用待标定的硫代硫酸钠溶液滴定至溶液呈淡黄色，加入 1mL 淀粉溶液，继续滴定至蓝色刚好褪尽为止，记录用量。

标定反应：$K_2Cr_2O_7 + 6KI + 7H_2SO_4 \mathbin{=\!=} Cr_2(SO_4)_3 + 3I_2 + 4K_2SO_4 + 7H_2O$

$$I_2 + 2Na_2S_2O_3 \mathbin{=\!=} 2NaI + Na_2S_4O_6$$

计算：
$$c = 10.00 \times 0.0250/V \qquad\qquad (6\text{-}2)$$

式中　c——硫酸钠溶液浓度，mol/L；

　　　V——硫代硫酸钠溶液消耗量，mL。

此外，在其他很多物质的标定或氧化-还原反应中也常用到碘量法。

三、卤族元素与大气问题

1. 臭氧破坏

（1）臭氧空洞

臭氧层中的臭氧是在离地面较高的大气层中自然形成的，其形成机理是：

$$O_2 + h\nu \longrightarrow O + O$$

（高层大气中的氧气受波长短于 242nm 的紫外线照射变成游离的氧原子）；

$$O_2 + O \mathbin{=\!=} O_3$$

（有些游离氧原子与氧气结合生成臭氧，大气中 90% 臭氧是以这种方式形成的）。

O_3 是不稳定分子，来自太阳的短于 1140nm 射线照射又使 O_3 分解，产生 O_2 分子和游离 O 原子，因此大气中臭氧浓度取决于其生成与分解速率的动态平衡。

臭氧是地球大气层中的一种蓝色、有刺激性的微量气体，是平流层大气的最关键组成组分。吸收了来自太阳 99％ 的高强度紫外辐射，保护了人类和生物免遭紫外辐射的伤害。地球上一切生命像离不开水和氧气一样离不开大气臭氧层，大气臭氧是地球上一切生灵的保护伞。

过去人类的活动尚未达到平流层（海拔约 30km）的高度，而臭氧层主要分布在距地面 20～25km 的大气层中，所以未受到重视。近年来不断测量的结果已证实臭氧层已经开始变薄，乃至出现空洞。1985 年，发现南极上方出现了面积与美国大陆相近的臭氧层空洞，1989 年又发现北极上空正在形成的另一个臭氧层空洞。此后发现空洞并非固定在一个区域内，而是每年在移动，且面积不断扩大。臭氧层变薄和出现空洞，就意味着有更多的紫外辐射线到达地面。紫外线对生物具有破坏性，对人的皮肤、眼睛，甚至免疫系统都会造成伤害，强烈的紫外线还会影响鱼虾类和其他水生生物的正常生存，乃至造成某些生物灭绝，会严重阻碍各种农作物和树木的正常生长，又会使由 CO_2 量增加而导致的温室效应加剧。

臭氧层损耗是臭氧空洞的真正成因。人类活动排入大气中的一些物质进入平流层与那里的臭氧发生化学反应，就会导致臭氧耗损，使臭氧浓度减少。人为消耗臭氧层的物质主要是氯氟烷烃（freon）和溴氟烷烃（halons，又称哈龙）。氯氟烷烃（$CF_x Cl_{4-x}$）广泛用于冰箱和空调制冷、泡沫塑料发泡以及电子器件清洗。溴氟烷烃（$CF_x Br_{4-x}$）用于特殊场合灭火。这些消耗臭氧层的物质在大气的对流层中是非常稳定的，可以停留很长时间，如 $CF_2 Cl_2$ 在对流层中寿命长达 120 年左右。因此这类物质可以扩散到大气的各个部位，但是到了平流层后，就会在太阳的紫外辐射下发生光化反应，释放出活性很强的游离氯原子或溴原子，参与导致臭氧损耗的一系列化学反应：

$$CF_x Cl_{4-x} + h\nu \longrightarrow \cdot CF_x Cl_{3-x} + \cdot Cl$$
$$\cdot Cl + O_3 \longrightarrow \cdot ClO + O_2$$
$$\cdot ClO + O \longrightarrow O_2 + \cdot Cl$$

这样的反应循环不断，每个游离氯原子或溴原子可以破坏约 10 万个 O_3 分子，这就是氯氟烷烃或溴氟烷烃破坏臭氧层的原因。

国际组织《关于消耗臭氧层物质的蒙特利尔议定书》规定了 15 种氯氟烷烃、3 种哈龙、40 种含氢氯氟烷烃、34 种含氢溴氟烷烃、四氯化碳（CCl_4）、甲基氯仿（$CH_3 CCl_3$）和甲基溴（$CH_3 Br$）为控制使用的消耗臭氧层物质，也称受控物质。其中含氢氯氟烷烃（如 $HCFCl_2$）类物质是氯氟烷烃的一种过渡性替代品，因其含有 H，使得它在底层大气易于分解，对 O_3 层的破坏能力低于氯氟烷烃，但长期和大量使用对 O_3 层危害也很大。在工程和生产中作为溶剂的四氯化碳（CCl_4）和甲基氯仿（CH_3CCl_3），同样具有很大的破坏臭氧层的潜值，所以也被列为受控物质。

（2）臭氧空洞的危害

过量的太阳紫外线辐射对人类健康最直接的危害是：降低人体免疫系统功能，臭氧减少 1％ 则皮肤癌患者增加 4％～6％，主要是黑色素癌；增加传染疾病的发病率；损害眼睛（角膜和晶体），增加白内障患者的发病率。据报道我国青藏高原白内障的发病率明显升高，靠近南极的澳大利亚皮肤癌患者大量增加。

过量的紫外线照射会破坏植物绿叶中的叶绿素，影响植物的光合作用。同时还会改变细胞的遗传基因和再生能力，使农作物生长受到限制，质量降低，产量大幅度降低。

水生生物大多贴近水面生长，这些处于水生食物链最底部的小型浮游植物最易受到臭氧损耗的影响，从而危及整个生态系统。对于底层的浮游动物，紫外线辐射具有很强的穿透能力，能穿透水下 20m，过量的紫外线杀死水中的微生物、削弱浮游植物的光合作用，破坏水生生物食物链，引起水生生态系统发生变化，降低水体的自然净化能力，导致水生生物大批死亡。

平流层中臭氧浓度降低紫外辐射增强，会使近地面对流层中的臭氧浓度增加，地表的臭氧对人体和植物有很大的危害，尤其是在人口和机动车量最密集的城市中心，使光化学烟雾污染的概率增加。

（3）修补臭氧层的措施

氟里昂是杜邦公司 20 世纪 30 年代开发的一个引为骄傲的产品，被广泛用于制冷剂、溶剂、塑料发泡剂、气溶胶喷雾剂及电子清洗剂等。哈龙在消防行业发挥着重要作用。当科学家研究令人信服地揭示出人类活动已经造成臭氧层严重损耗的时候，"补天"行动非常迅速。实际上，现代社会很少有一个科学问题像"大气臭氧层"这样由激烈的反对、不理解，迅速发展到全人类采取一致行动来加以保护。1985 年，也就是 Monlina 和 Rowland 提出氯原子臭氧层损耗机制后 11 年，同时也是南极臭氧洞发现的当年，由联合国环境署发起 21 个国家的政府代表签署了《保护臭氧层维也纳公约》，首次在全球建立了共同控制臭氧层破坏的一系列原则方针。

1987 年 9 月，36 个国家和 10 个国际组织的 140 名代表和观察员在加拿大蒙特利尔集会，通过了大气臭氧层保护的重要历史性文件《关于消耗臭氧层物质的蒙特利尔议定书》。在该议定书中，规定了保护臭氧层的受控物质种类和淘汰时间表，要求到 2000 年全球的氟里昂消减一半，并制定了针对氟里昂类物质生产、消耗、进口及出口等的控制措施。由于进一步的科学研究显示大气臭氧层损耗的状况更加严峻，1990 年通过《关于消耗臭氧层物质的蒙特利尔议定书》伦敦修正案，1992 年通过了哥本哈根修正案，其中受控物质的种类再次扩充，完全淘汰的日程也一次次提前，缔约国家和地区也在增加。到目前为止，缔约方已达 165 个之多，反映了世界各国政府对保护臭氧层工作的重视和责任。不仅如此，联合国环境署还规定从 1995 年起，每年的 9 月 16 日为"国际保护臭氧层日"，以增加世界人民保护臭氧层的意识，提高参与保护臭氧层行动的积极性。

我国政府和科学家们非常关心保护大气臭氧层这一全球性的重大环境问题。我国早于 1989 年就加入了《保护臭氧层维也纳公约》，先后积极派团参与了历次的《保护臭氧层维也纳公约》和《关于消耗臭氧层物质的蒙特利尔议定书》缔约国会议，并于 1991 年加入了修正后的《关于消耗臭氧层物质的蒙特利尔议定书》。我国还成立了保护臭氧层领导小组，开始编制并完成了《中国消耗臭氧层物质逐步淘汰国家方案》。根据这一方案，我国已于 1999 年 7 月 1 日冻结了氟里昂的生产，并将于 2010 年前全部停止生产和使用所有消耗臭氧层物质。

从这里不仅可以看到人类日益紧迫的步伐，而且也发现，即使如此努力地弥补我们上空的"臭氧洞"，但由于臭氧层损耗物质从大气中除去十分困难，预计采用哥本哈根修正案，也要在 2050 年左右平流层氯原子浓度才能下降到临界水平以下，到那时，人类上空的"臭氧洞"可望开始恢复。臭氧层保护是近代史上一个全球合作十分典型的范例，这种合作机制将成为人类的财富，并为解决其他重大问题提供借鉴和经验。

2. 温室效应问题

（1）温室效应

"温室效应"，就是热量进得来，但是出不去。地球的热能来自于太阳，不过真正到达地球的太阳能有 30% 经由大气、云和地球表面反射回太空中，其余的都被地球表面吸收，然后再以红外线的形式将热放射出去；而大气中的二氧化碳、水蒸气、臭氧都有吸收红外线的性质，所以热能被保留在大气中再反射回地表使地球温暖，科学家称这种作用为"大气圈效应"或是"温室效应"。但是，一旦大气中的二氧化碳增加时，原本要辐射到太空中的红外线却被二氧化碳吸收转为热能，使得地球的气温越来越高。

（2）温室气体

大气如同一过滤器可控制地球、太阳及太空间能量交换。大气中某些气体可让短波辐射以可见光形式照射地表，并且吸收自地表反射的长波辐射，这些可以保留能量的气体，即所谓温室效应气体，温室气体主要有 CO_2、CH_4、N_2O、O_3 和氟氯代烷等。

二氧化碳是由于大量使用煤、石油、天然气等化石燃料，全球的二氧化碳正以每年约六十亿吨的量增加中，是造成地球发烧的元凶。二氧化碳是最主要的温室气体，也是目前人类要减少排放的重点。

氟氯碳化物使用范围包括冷媒、清洗、喷雾及发泡等用途，同时此类化合物也是破坏臭氧层的祸首。

甲烷产生自发酵与腐化的变更过程及物质的不完全燃烧，主要来自牲畜、水田、汽机车及掩埋场的排放。

氧化亚氮由石化燃料的燃烧，微生物及化学肥料分解而排放出来。

臭氧则来自地面污染，如汽机车、发电厂、炼油厂所排放的氮氧化合物及碳氢化合物，经光化学作用而产生臭氧。

（3）温室效应的危害

① 全球温暖化 全球地表气温的最新分析表明，在过去的 100 多年中，全球地表温度平均上升了 0.6℃。全球温暖化因区域和季节而异。一般而言，陆地表面比海洋表面增温快，北半球高纬度地区比低纬度地区增温快，如美国阿拉斯加的北极地区在过去的 20 多年里，上升了 2～2.8℃，年平均上升率达 0.1～0.13℃/a。另一方面，冬季温暖化现象比夏季显著，而有些地区则出现凉夏现象。近 40 年来我国的夏季温度变化不明显，而冬季增温十分显著，每 10 年增加 0.42℃。1995年，我国的冬季温度较过去 40 年的均值高 0.5～4.0℃，局部地区偏高 5℃左右。根据最新的气候模式预测，21 世纪全球气温将以每 10 年 0.2～0.5℃的速率升高，到 21 世纪末，气温将增加 1～3.5℃。

② 降水格局发生变化 大气成分的变化已使全球的降水格局发生变化。总体趋势是，中纬度地区降雨量增大，北半球的亚热带地区的降雨量下降，而南半球的降雨量增大，温室效应导致全球温暖化也会提高海洋表面的蒸发量，从而提高大气中水汽的含量。若是温室效应气体浓度不断增加，则将使地表温度增加，直接影响的是使全球气象变异，北半球冬季将缩短，并更冷更湿，而夏季则变长且更干更热，亚热带地区则将更干，而热带地区则更湿。

③ 海平面上升 全球温暖化导致的另一个重要现象就是海平面上升。气温上升导致海洋变暖和南北极冰山融化，如果所有冰山都融化，海平面将上升 60m，海平面将于 2100 年上升 15～95cm，导致低洼地区海水倒灌，全世界三分之一居住在海岸边缘的人口将遭受威胁。到时候荷兰会被淹没；孟加拉国将会消失无踪；甚至全球气候变迁造成干旱，并导致工业、农业全面停摆。

据 IPCC（1995）评估，过去 100 年中全球海平面上升了 10～20cm。由于全球温暖化现象在 21 世纪还会继续发生，由温暖化引起的海洋热膨胀和极地冰川融化所导致的海平面高度上升也将会继续。有证据表明，在过去的 100 年中，冰川融化是海平面上升的最主要因素。按 IPCC（1995）的估计，在 1990～2100 年间，海平面上升的高度在 15～95cm 之间，平均上升 50cm 左右（IPCC，1995）。

④ 气候灾害事件频发　最近几十年来，天气和气候极端事件的次数和强度都是惊人的。1987 年 10 月 16 日，发生在英格兰东南和伦敦地区的风暴吹倒 1500 万株树木。这是该地区自 1703 年以来发生的最严重的一次风暴。1970 年孟加拉的特大洪水淹死 25 万多人。我国 1998 年发生的长江特大洪水所造成的生命财产和经济损失也是我国自新中国成立以来罕见的。

由于气温增高水汽蒸发加速。全球雨量每年将减少，各地区降水形态将会改变产生干旱，并改变植物、农作物之分布及生长力，加快生长速度，造成土壤贫瘠，作物生长终将受限制，且间接破坏生态环境，改变生态平衡。

⑤ 厄尔尼诺（El Nino）现象　在热带太平洋海域，大约每隔 3～5 年，出现大面积的海水变暖现象，并且持续 1 年或更长时间。这种现象常发生在圣诞节前后，故称为"圣婴"事件（El Nino），一般称为厄尔尼诺现象。厄尔尼诺现象不仅引起全球的旱涝灾害，也对沿岸国家的渔业带来破坏性影响。因为海洋表面的暖海水阻止来自下层较冷海水中的营养传输，而这是维持海洋上层的鱼类生存所必需的。距今最近的一次特强的厄尔尼诺现象发生于 1982～1983 年，异常的海洋表层水温比平常高达 7℃。1984 年，几乎各大洲发生的旱涝灾害都与那次厄尔尼诺现象有关（Canby，1984）。

如果无法有效控制温室效应，其造成的气候改变，将使人类付出极大的代价，如气温上升会伤害人体的抗病能力，若加上全球气候变迁引发动物大迁徙，届时极有可能促使脑炎、狂犬病、登革热、黄热病的大规模蔓延，后果相当可怕；同时也会改变地区资源分布，导致粮食、水源、渔获量等的供应不平衡，引发国际间之经济、社会问题。可见温室效应的影响绝不只限于气温而已。

学习情境七

环境中的重要氧族元素氧、硫

【引入案例】

案例1 1930年12月上旬，在比利时马斯河谷地区的人们普遍开始感到不适，一些早已患有心脏病、高血压或肺部疾病的人们慢慢开始发病，严重者甚至在短短几天中去世。随后，这个地区中几千人纷纷出现了异常状况，流泪、喉痛、声嘶、咳嗽、呼吸短促、胸口窒闷、恶心和呕吐等症状让每个人焦躁不安。随后，大批的牲畜也纷纷落难，直至死去。据统计，当时一个星期内就有63人死亡，可能单看数字不多，但这是同期正常死亡人数的十多倍，况且马斯河谷地区本就没有多少人。这就是20世纪最早记录的比利时马斯河谷烟雾酸雨污染事件。

案例2 洛杉矶位于美国西南海岸，西面临海，三面环山，是个阳光明媚、气候温暖、风景宜人的地方。早期金矿、石油和运河的开发，加之得天独厚的地理位置，使它很快成为了一个商业、旅游业都很发达的港口城市。然而好景不长，从1943年开始，人们就发现这座城市一改以往的温柔，变得"疯狂"起来。每年从夏季至早秋，只要是晴朗的日子，城市上空就会出现一种弥漫天空的浅蓝色烟雾，使整座城市上空变得浑浊不清。光化学烟雾是由于汽车尾气和工业废气排放造成的，一般发生在湿度低、气温在 $24\sim32℃$ 的夏季晴天的中午或午后。汽车尾气中的烯烃类碳氢化合物和二氧化氮（NO_2）排放到大气中后，在强烈的紫外线照射下，会吸收太阳光所具有的能量。这些物质的分子在吸收了太阳光的能量后，会变得不稳定，原有的化学链遭到破坏，形成新的物质。这种化学反应被称为光化学反应，其产物为剧毒的光化学烟雾。这种烟雾使人眼睛发红，咽喉疼痛，呼吸憋闷、头昏、头痛。1943年以后，烟雾更加肆虐，以致远离城市100km以外的海拔

2000m 高山上的大片松林也因此枯死，柑橘减产。仅 1950～1951 年，美国因大气污染造成的损失就达 15 亿美元。1955 年，因呼吸系统衰竭死亡的 65 岁以上的老人达 400 多人；1970 年，约有 75％以上的市民患上了红眼病。这就是最早出现的新型大气污染事件——光化学烟雾污染事件。

任务 模拟环境工程中 SO_2 的治理

一、知识目标

1. 掌握 SO_2 的基本性质和在环境中的变化形式；
2. 初步了解 SO_2 的治理方式和适用条件。

二、能力目标

1. 能够根据具体情况提出较为合适的 SO_2 治理方式；
2. 初步具备环境工程设计能力。

三、任务准备

1. 设计案例了解

【案例 1】 某火电厂是以煤作燃料的电厂，每年要燃烧大量的煤，由于煤中含有硫、氮等元素，所以煤燃烧时会产生 SO_2、NO_2 等污染空气的有害物质。SO_2 是一种酸性氧化物，易溶于水并与水反应生成亚硫酸（H_2SO_3），它能与碱反应生成对应的亚硫酸盐和水；还能在加热的条件下与氧化钙化合，生成对应的盐。根据这些信息，请你帮助该火电厂设计一个用化学方法除掉 SO_2 的方案。

【案例 2】 2004 年钢铁工业二氧化硫（SO_2）排放量为 113.4 万吨，占全国 SO_2 排放量的 6.5％，仅次于火电行业和建材业，居第 3 位。从钢铁生产的工艺流程分析，钢铁生产过程产生的 SO_2 主要来源于烧结工序。烧结工序外排 SO_2 所占比例在 65％～93％之间，并且所占比例呈逐年增加的趋势。控制烧结机生产过程中 SO_2 的排放，是钢铁企业 SO_2 污染控制的重点，是钢铁企业保持可持续发展的关键环节之一。

【案例 3】 我国某城市由于长期缺乏对 SO_2 污染企业的有效控制，导致环境空气质量 SO_2 严重超标，给当地居民的日常健康产生较大的不良影响。由于冬季来临，居民燃煤取暖增加了空气中 SO_2 的排放。境内某大型企业由于 SO_2 处理设备老化，且工人的粗心大意，导致大量 SO_2 排放到空气中，造成局部地区严重 SO_2

污染，给市民出行带来极大的不变，因为天气原因，若不及时治理会产生长时间的影响。

2. 设计要求

学生可分为几个小组，从以上三个案例任选一个，通过查阅资料，针对案例实际情况，运用化学反应原理和环境污染治理要求，尽可能多地提出可行的治理方案，并在班级中进行汇报，相互点评。

四、任务实施

1. 查阅资料

充分利用网络、图书馆等资料，查阅了解二氧化硫的基本性质，在空气中常见的存在形态、化学反应与环境条件之间的关系。了解环境工程中二氧化硫的治理方式有哪些，分别适用的条件是什么。

2. 设计与汇报

教师提出具体设计的要求，分小组在课堂上进行汇报，教师和其他小组进行点评，提出改进意见。

3. 撰写并提交任务实施的总结报告

 【相关知识】

一、水体中的氧平衡

O 是地壳中含量最多的化学元素，其可与许多化学元素形成不同的化学物质，也可参与有机物的组成，是环境中非常重要的氧族元素。其中对人体而言，最重要的是由其组成的环境中重要的气体 O_2。

1. O_2 的基本性质

大气中的 O_2 占到 20.95%，是地球生物正常生活所必不可少的重要成分，可通过植物的光合作用产生。参与着大气中的氧化反应，同时也是自然形成臭氧的重要原料。

氧气不易溶于水，1L 水中溶解约 30mL 氧气。液氧为天蓝色，固氧为蓝色晶体。氧气的化学性质比较活泼。除了稀有气体、活性小的金属元素如金、铂、银之外，大部分的元素都能与氧气反应，这些反应称为氧化反应，而经过反应产生的化合物（由两种元素构成，且一种元素为氧元素）称为氧化物。一般而言，非金属氧化物的水溶液呈酸性，而碱金属或碱土金属氧化物则为碱性。此外，几乎所有的有机化合物，可在氧气中剧烈燃烧生成二氧化碳与水。

2. O₂ 的环境学意义

溶解于水中的分子态氧称为溶解氧（DO）。水中溶解氧的含量与大气压、水温及含盐量都有关。一般地，大气压下降，水温升高，含盐量增加，都会导致水中溶解氧含量降低。海水中的溶解氧量通常只有淡水的 80%。一般规定水体中的溶解氧不应低于 4mg/L。清洁的地表水中溶解氧接近饱和。当有大量藻类繁殖时，水中溶解氧可能过饱和；而当水体受到有机物质、无机还原物质污染时，溶解氧量会大大降低，甚至趋于零，此时厌氧细菌繁殖活跃，水质恶化。水中溶解氧低于 3～4mg/L 时，许多鱼类会出现呼吸困难，若溶解氧继续减少，则会造成鱼类窒息死亡。

二、二氧化硫的环境学意义

1. 二氧化硫的性质

SO_2 是无色、有刺激性臭味的气体，是一种大气污染物，环境指标规定大气中 SO_2 含量不得超过 $0.10mg/m^3$。常温下，1L 水中能溶解 40L SO_2。

SO_2 中硫的氧化数处于中间状态，所以 SO_2 既有氧化性，又有还原性。

2. 二氧化硫的危害

酸雨一般指 pH＜5.6 的酸性降水。1872 年英国化学家 R. A. Smith 首次提出"酸雨"概念后，大约经历了近 100 年，人们才对酸雨的来源、形成及影响机制有了一个比较科学的了解。酸雨是污染物质进入大气后、经过物理作用和化学作用，从而发生输送、转化和沉降等的一个复杂过程，地表排放的污染物进入大气后，要经历若干过程进入到雨水中，最后再沉降到地表。而目前所说的酸雨主要包括硫酸型和硝酸型。我国是产煤和燃煤大国，以降水中硫酸的生成为例，降水酸化的过程可以简单地归纳如下。

① 污染源排放的气态 SO_2 经过气相反应生成硫酸（H_2SO_4）或硫酸盐气溶胶（SO_4^{2-}）；

② 在成云过程中，硫酸（H_2SO_4）或硫酸盐气溶胶（SO_4^{2-}）粒子以凝结核的形式进入云水；

③ 云水直接吸收 SO_2 气体，在云水中氧化 SO_2 为 SO_4^{2-}；

④ 云滴变为雨滴后，在降落过程中将大气中的气溶胶冲刷进入水体；

⑤ 雨滴在下降过程中吸收 SO_2 气体，在水体中 SO_2 被氧化为 SO_4^{2-}。

而二氧化硫对环境的危害就主要表现在形成酸雨后对环境的影响。酸雨的主要影响包括以下几个方面。

① 危害森林、树木　大量的研究表明，酸性污染物的沉降不仅使森林和城市的树木受到损害，而且引起显著的森林生产率的下降。这主要是因为酸雨能直接影响树木的叶表面，破坏叶面的蜡质保护层，还能降低植物种子的发芽。研究证实，当降水的 pH 值小于 3 时，树木叶面就会被腐蚀而产生斑点和坏死。另一方面，酸雨能使植物所含的阳离子从叶片中析出，并破坏植物的表皮组织，造成某些营养成分的流失，影响植物的生长，严重时导致大片森林的死亡。

除了对植物的直接伤害外，酸雨还可以通过土壤酸化对植物产生间接的影响，并且，酸雨还可能抑制森林抵御虫害的能力。

② 对农作物的影响　北美地区曾发生过严重的酸雨污染，据估计美国由于酸雨导致作物减产的经济损失每年达到 50 亿美元。研究人员发现，酸雨对发芽期的作物有毒害作用，因而严重影响作物的生长。同时，酸性污染物在农作物表面的沉降还会抑制植物的光合作用。当酸雨恶化到一定程度，还能直接引起农作物的死亡。

当然，酸雨对农作物的影响与当地的土壤条件、植物品种等因素都有关系，只有采取科学而慎重的分析方法，才能正确地估计出酸雨给一个地区农业生产造成的损失。

③ 对土壤的影响　酸雨对土壤的影响之一，是导致大量的阳离子，特别是钙、镁、铁等重要的营养元素从土壤中被溶解和冲刷出来，造成这些成分的迅速损失，引起土壤的营养状况降低，妨碍植物的生长和发育。同时，土壤酸性增强也导致被固定在土壤颗粒中的有害重金属被淋溶出来。科学研究结果表明，酸雨破坏了土壤中元素的平衡，是造成老年性痴呆发病率增加的重要原因。由于酸雨使土壤中钙、镁、铁等离子含量降低，土壤里难溶的铅的含量升高。而且，钙、镁的缺乏提高了铅与细胞蛋白结合的机会，通过食物链，进入人体内铅的量上升，经过较长时间的累积，对人体的神经系统造成损害。

④ 对水体的影响　酸雨发生的地区、湖泊及地表水沟发现明显的酸化。在全球范围内，湖泊、河流生活在其中的鱼类等水生生物受到酸雨的直接或间接的威胁。当水体的 pH 值下降为 $4.5\sim5$ 左右，许多鱼类将会死亡。除水质酸化本身造成的影响外，水体酸化的另一个重要影响，是将多种重金属特别是铝转移到水体中。重金属具有很大的生物毒性，铝的毒性不仅取决于它本身的浓度，还与水体的 pH 值有关，一般认为，pH 值为 5 时，铝的毒性最大。此外，水体的 pH 值降低，还会使得鱼类的钙含量减少，影响鱼类的繁殖和生长。

⑤ 对材料的影响　酸雨的腐蚀力很强，对建筑物、金属、纺织品、皮革、纸

张、油漆、橡胶等物质的腐蚀，给全球造成巨大的经济损失。酸雨严重破坏古文物，使人类几千年来创造的艺术瑰宝黯然失色。在地中海沿岸的历史名城雅典，保存着许多古希腊时代遗留下来的金属和石雕像，近十多年来已被慢慢腐蚀。美国引以为豪的自由女神像、埃及的古文物、英国国王查理一世的塑像、德国的科隆大教堂，均遭受严重的损害，有的已经面目全非。

⑥ 对人体健康的影响 酸雨对人体健康能产生很大的危害。水质酸化后，由于一些重金属的溶出，对饮用者会产生危害。很多国家由于酸雨的影响，地下水中的铅、铜、锌的浓度已上升到正常值的 $10 \sim 100$ 倍。含酸的空气使多种呼吸道疾病增加，酸雨特别是在形成硫酸雾的情况下，其微粒侵入人体肺部，可引起肺水肿和肺硬化等疾病而导致死亡，酸雨对老人和儿童等的影响更为严重。

3. 二氧化硫的控制

二氧化硫浓度已经成为我国污染物总量控制的一项重要参数。降低局部地区大气中的二氧化硫污染水平，改善局部地区空气环境质量，需要重点控制对二氧化硫污染贡献大的局部地区污染源。特别是随着全国燃油和燃煤电厂的持续增长，我国二氧化硫排放源的平均排放高度将不断增加，地区间的相互影响将越来越大，区域协调控制的作用会越来越显得重要。主要可以考虑以下措施。

① 对煤炭使用的技术措施 我国 75% 以上的初级能源来自燃煤，因此煤炭的使用贡献了我国二氧化硫排放量的约 90%。因此，煤炭消费过程中的二氧化硫排放控制是一项十分关键的工作。通过限制高硫煤的开采，从煤炭的源头上即开始实施控制。两控区内将停止建设煤层含硫分大于 3% 的煤矿；对于新建、改建、扩建含硫分大于 1.5% 的煤矿，将配套建设相应规模的煤炭洗选设施；对于已经建成的硫分大于 2% 的煤矿，补建煤炭洗选设施，同时提倡使用低硫煤，和在煤炭使用前通过选煤、洗煤等技术脱硫；大力推广使用型煤、汽化煤、水煤浆，集中供暖供热及高效燃煤新技术等，有利于提高煤炭的利用效率；在煤炭燃烧的末端，采取各种切实有效而又经济可行的技术从烟道中脱硫，也是减少二氧化硫向大气排放的有效途径。

② 以调整能源结构和提高能源利用效率为主的能源措施 在酸雨污染严重的地区，应考虑制订能源结构调整计划，以洁净的燃气、燃油或水电、核电逐步改变一次性能源过分依赖煤炭的状况，尤其是减少民用燃煤量。同时，加强工艺改选和技术革新，努力通过能源的使用效率，对我国许多地区和企业将是具有很大潜力的重要措施。

③ 推行有效的管理制度和经济政策

a. 实行区域二氧化硫排放总量控制和重点污染源排污许可证制度 国家根据

不同阶段两控区总量和基本控制单元的二氧化硫排放总量向各省、直辖市、自治区下达总量控制指标，各级环境保护部门根据两控区污染控制目标确定二氧化硫污染源的允许排放总量，并利用排污许可证方式将排污总量分配到各个排污单位，对污染源排放二氧化硫实施监督管理。

b. 试行二氧化硫排污交易政策　在排污许可证制度的基础上，政府环境保护行政主管部门在保证排污总量不超过规定的控制目标前提下，可试行排污企业间买卖政府分配的允许二氧化硫排放总量指标，以使排污企业结合自己的实际情况，选择实现污染物总量控制指标和排污许可限值费用最小的方法，将排污总量降到最低水平。

④ 推行有利于污染控制的二氧化硫排污收费政策　提高二氧化硫排污收费标准，使其逐步达到等于或高于治理成本，真正使污染控制成本成为产品总成本的组成部分，形成谁污染谁就会在经济上受损失的机制，促使排污企业积极增加投入，主动治理污染。

另外，在我国两控区的控制规划实施过程中，还应大力加强环境监测。环境监测是两控区评估酸雨和二氧化硫污染状况，以及规划实施控制效果、科学评估的重要手段，监测结果还可为进一步的控制工作提供指导建议。

4. 二氧化硫的去除方法

二氧化硫是一种强酸性气体，直接排放到大气中不仅易形成酸性降雨、酸雾，而且本身对人体和其他生物都是有害的，因此，需要对烟气中混杂的二氧化硫去除。工业上常采用碱性物质来进行去除。以一定浓度的氢氧化钠溶液进行吸收，而由于氢氧化钙属于微溶性物质，虽吸收效果好，但一般不采用。当二氧化硫的浓度比较高时，也可采用化学氧化法将二氧化硫氧化生产硫酸或其他硫酸结晶体，以达到资源化利用。

三、硫化氢的环境学意义

1. 硫化氢的性质

H_2S 无色有刺激性（臭鸡蛋）气味，密度比空气大，可溶于水，有毒。硫化氢具有下列化学性质。

① 不稳定　$H_2S \Longleftrightarrow H_2 + S$（加热，可逆）。

② 酸性　H_2S 水溶液叫氢硫酸，是一种二元弱酸：

$$2NaOH + H_2S \longrightarrow Na_2S + 2H_2O$$

③ 还原性　H_2S 中 S 是 -2 价，具有较强的还原性，很容易被 SO_2、Cl_2、O_2 等氧化。

④ 可燃性　在空气中点燃生成二氧化硫和水

$$2H_2S + 3O_2 \Longrightarrow 2SO_2 + 2H_2O$$

火焰为蓝色,若空气不足或温度较低时则生成单质硫和水。

2. 硫化氢的环境学意义

硫化氢在自然界存在于原油、天然气、火山气体和温泉之中,它也可以在细菌分解有机物的过程中产生。硫化氢是强烈的神经毒物,侵入人体的主要途径是吸入,而且经人体的黏膜吸收比皮肤吸收造成的中毒来得更快,吸入少量高浓度硫化氢可于短时间内致命。浓度越高则中枢神经抑制作用越明显,浓度相对较低时黏膜刺激作用明显。人吸入 $70\sim150mg/m^3$ $1\sim2h$,出现呼吸道及眼刺激症状,吸 $2\sim5min$ 后嗅觉疲劳,不再闻到臭气。吸入 $300mg/m^3$ $1h$,$6\sim8min$ 出现眼急性刺激症状,稍长时间接触引起肺水肿。吸入 $760mg/m^3$ $15\sim60min$,发生肺水肿、支气管炎及肺炎、头痛、头昏、步态不稳、恶心、呕吐。吸入 $1000mg/m^3$ 数秒钟,很快出现急性中毒,呼吸加快后呼吸麻痹而死亡。

学习情境八

环境中的重要氮、磷元素及化合物

【引入案例】 "赤潮"是一种危害巨大的自然灾害，它会造成水质恶化和鱼类的大量死亡。20世纪以来，赤潮在世界各地频频发生，日本濑户内海是赤潮的高发区，仅1976年就发生了326次之多。我国近年来时有发生，其中以1989年黄骅海域赤潮事件最大，损失最重（达3亿元人民币）。1998年春天，又一股来势汹涌的赤潮横扫了香港海和广东珠江口一带海城。赤潮过处，海水泛红，腥臭难闻，水中鱼类等动物大量死亡。当地的鱼类养殖场损失严重。据《经济日报》1998年5月3日报道，此次赤潮事件，香港渔民损失近1亿港元，内地珍贵养殖鱼类死亡逾30亿千克，损失超过4000万元。一时间，各新闻媒体炒作纷纷，人们不禁要问，何为"赤潮"？它是如何发生的？

任务 评价水体富营养化程度——叶绿素 a 的测定

一、知识目标

1. 了解水体富营养化的判断标准；
2. 掌握叶绿素 a 的测定方法原理。

二、能力目标

1. 能够正确采集样品；

2. 能正确使用相关实验仪器；

3. 能够根据测定结果判断采集的水体是否出现富营养化。

三、任务准备

1. 基础知识了解

在自然条件下，湖泊也会从贫营养状态过渡到富营养状态，沉积物不断增多，先变为沼泽，后变为陆地。这种自然过程非常缓慢，常需几千年甚至上万年。而人为排放含营养物质的工业废水和生活污水所引起的水体富营养化现象，可以在短期内出现。水体富营养化后，即使切断外界营养物质的来源，也很难自净和恢复到正常水平。水体富营养化严重时，湖泊可被某些繁生植物及其残骸淤塞，成为沼泽甚至干地。局部海区可变成"死海"，或出现"赤潮"现象。

植物营养物质的来源广、数量大，有生活污水、农业面源、工业废水、垃圾等。每人每天带进污水中的氮约 50g。生活污水中的磷主要来源于洗涤废水，而施入农田的化肥 50%～80%流入江河、湖海和地下水体中。

许多参数可用作水体富营养化的指标，常用的是总磷、无机氮含量、叶绿素 a 含量和初级生产率的大小等。叶绿素是植物光合作用中的重要光和色素。通过测定浮游植物叶绿素，可掌握水体的初级生产力情况。在环境监测中，可将叶绿素 a 含量作为湖泊富营养化的指标之一。而一般当叶绿素 a 含量大于 $10\mu g/L$ 时即认为水体达到了富营养化状态。

2. 试剂和仪器

（1）试剂

碳酸镁粉末，90%丙酮。

（2）仪器

分光光度计，真空泵离心机，乙酸纤维滤膜（孔径 $0.45\mu g$），抽滤器，组织研磨器或其他细胞破碎器，其他常规实验仪器。

四、任务实施

1. 水样的采集与保存

可根据需要进行分层采样或混合采样。湖泊、水库采样 500mL，池塘 300mL，采样量视浮游植物的分布量而定，若浮游植物数量较少，也可采样 1000mL。

水样采集后应放置在阴凉处，避免日光直射（为什么？）。最好立即进行测定的预处理，如需经过一段时间方可进行预处理，则应将水样保存在低温（0～4℃）避光处。在每升水样中假如 1‰碳酸镁悬浊液 1mL，以防止酸化引起色素溶解。水样在冰冻情况下（－20℃）最长可保存 30d。

2. 实施步骤

① 以离心或过滤浓缩水样，在抽滤器上装好乙酸纤维滤膜。倒入定量体积的水样进行抽滤，抽滤时负压不能过大（约为 50kPa）。水样抽完后，继续抽 1～2min，以减少滤膜上的水分。如需保存 1～2d 时，可放入普通冰箱冷冻，如需长期保存（30d），则应放入低温冰箱（－20℃）保存。

② 取出带有浮游植物的滤膜，在冰箱内低温干燥 6～8h 后放入组织研磨器中，加入少量碳酸镁粉末及 2～3mL 90% 的丙酮，充分研磨，提取叶绿素 a。用离心机（3000～4000r/min）离心 10min。将上清液倒入 5mL 或 10mL 容量瓶中。

③ 再用 2～3mL 90% 丙酮，继续研磨提取，离心 10min，并将上清液再转入容量瓶中。重复 1～2 次，用 90% 的丙酮定容为 5mL 或 10mL，摇匀。

④ 将上清液在分光光度计上，用 1cm 光程的比色皿，分别读取 750nm、663nm、645nm、630nm 波长的吸光度，并以 90% 的丙酮做空白吸光度测定，对样品吸光度进行校正。

3. 计算

叶绿素 a 的含量按如下公式计算

$$\text{叶绿素 a}(mg/m^3) = \frac{[11.64(D_{663}-D_{750})-2.16(D_{645}-D_{750})+0.10(D_{630}-D_{750})]V_1}{V\delta}$$

$$(8\text{-}1)$$

式中　V——水样体积，L；

　　　D——吸光度；

　　　V_1——提取液定容后的体积，mL

　　　δ——比色皿光程，cm。

 【相关知识】

氮族元素是元素周期表 ⅤA 族的所有元素，包括氮（N）、磷（P）、砷（As）、锑（Sb）、铋（Bi），氮族元素在化合物中可以呈现 －3、+1、+2、+3、+4、+5 等多种化合价，最外层有 5 个电子。氮族元素随着原子序数的增加，元素的非金属性逐渐减弱。气态氢化物稳定性逐渐减弱（$NH_3 > PH_3 > AsH_3$）；最高价氧化物对应水化物的酸性逐渐减弱（$HNO_3 > H_3PO_4 > H_3AsO_4$）。氮族元素随着原子序数的增加，金属性逐渐增强，砷虽是非金属，却已表现出某些金属性，而锑、铋却明显表现出金属性。氮族元素在地壳中的质量分数分别为：氮 0.0025%，磷 0.1%，砷 $1.5 \times 10^{-4}\%$，锑 $2 \times 10^{-5}\%$，铋 $4.8 \times 10^{-6}\%$。

大气中存在的含量比较高的氮的氧化物主要包括氧化亚氮（N_2O）、一氧化氮（NO）和二氧化氮（NO_2）。NO 和 NO_2 是大气中主要的含氮污染物。氧化亚氮（N_2O）是低层大气中含量最高的含氮化合物，其主要来自于天然源，即由土壤中硝酸盐（NO_3^-）经细菌的脱氮作用而产生。氮氧化物的人为来源主要是燃料的燃烧。燃烧源可分为流动燃烧源和固定燃烧源。城市大气中的 NO_x（NO、NO_2）一般有 2/3 来自汽车等流动源的排放，1/3 来自固定源的排放。无论是流动源还是固定源，燃烧产生的 NO_x 主要是 NO，占 90% 以上；NO_2 的数量很少，占 0.5%～10%，受温度等因素所影响。大气中的 NO_x 最终将转化为硝酸（HNO_3）和硝酸盐微粒经湿沉降和干沉降从大气中去除。

天然水体中氮、磷、硅元素的可溶性无机化合物在水生植物的生长繁殖过程中被吸收利用，成为生物体的重要组成元素。例如生物体的蛋白质中，氮元素和磷元素的含量分别约为 10% 和 0.7%；磷元素在脂肪中的含量达 2%；硅元素是硅质生物（如硅藻等）的重要组成元素。但这些元素在自然水中的含量通常很低，远远不如构成生物体的其他元素（如 C、H、O 等）那样丰富。在浮游植物大量繁殖的季节，它们有效形式的含量甚至降至吸收临界值之下，从而影响藻类的生长繁殖，限制了水体初级生产（即基础生产）的速率和产量。因此通常把天然水中可溶性氮、磷、硅的无机化合物称为水生植物营养盐，把组成这些营养盐的主要元素氮、磷、硅称为营养元素或生源要素。

一、氮及其重要化合物

1. 环境中常见的"三氮"

（1）氨氮

氨氮是指水中以游离氨（NH_3）和铵离子（NH_4^+）形式存在的氮，两者的组成比取决于水的 pH 值和水温。当 pH 值偏高时，游离氨的比例较高；反之，则铵盐的比例高。水温则相反。动物性有机物的含氮量一般较植物性有机物为高。同时，人畜粪便中含氮有机物很不稳定，容易分解成氨。因此，水中氨氮含量增高是指以氨或铵离子形式存在的化合氨。

氨氮主要来源于人和动物的排泄物，生活污水中平均含氮量每人每年可达 2.5～4.5kg。雨水径流以及农用化肥的流失也是氮的重要来源。此外，氨氮还来自化工、冶金、石油化工、油漆、颜料、煤气、炼焦、鞣革、化肥等工业废水中。

水中的氨氮可以在一定条件下转化成亚硝酸盐，如果长期饮用，水中的亚硝酸盐将和蛋白质结合形成亚硝胺，这是一种强致癌物质，对人体健康极为不利。氨氮对水生物起危害作用的主要是游离氨，其毒性比铵盐大几十倍，并随碱性的增强而增大。氨氮毒性与池水的 pH 值及水温有密切关系，一般情况，pH 值及水温愈高，毒性愈强，对鱼的危害类似于亚硝酸盐。氨氮对水生物的危害有急性和慢性之分。慢性氨氮中毒危害为：摄食降低，生长减慢，组织损伤，降低氧在组织间的输送。鱼类对水中氨氮比较敏感，当氨氮含量高时会导致鱼类死亡。急性氨氮中毒危害为：水生物表现亢奋、在水中丧失平衡、抽搐，严重者甚至死亡。

（2）亚硝酸盐氮

硝酸盐氮是水体中含氮有机物进一步氧化，在变成硝酸盐过程中的中间产物。水中存在亚硝酸盐时表明有机物的分解过程还在继续进行，亚硝酸盐的含量如太高，即说明水中有机物的无机化过程进行得相当强烈，表示污染的危险性仍然存在。引起水中亚硝酸盐氮含量增加的因素有多种，如硝酸盐还原，以及夏季雷电作用下促使空气中氧和氮化合成氮氧合物，遇雨后部分成为亚硝酸盐等。这些亚硝酸盐的出现与污染无关，因此在运用这一指标时必须弄清来源，才能作出正确的评价。

1978 年 5 月，中国癌症学会专家通报，中国食道癌的高发率与土壤中硝酸盐和亚硝酸盐高含量有相关性，其他因素是土壤中存在某些真菌和钼的缺乏。在中国的一些地区，食道癌的发病率是每年 1 人/万人，为美国平均水平的 45 倍。已证明在人体小肠上部好氧部位可从有机化合物合成硝酸盐和亚硝酸盐，这个发现对提出亚硝酸盐对人类的致癌起了重要的支持作用。因为这样合成的亚硝酸根，在肠道下段呈相对酸性环境的结肠和盲肠里有可能形成致癌化合物。

（3）硝酸盐氮

国外曾有关于硝酸盐氮的研究表明，饮用水中硝酸盐氮含量低于 10mg/L 时，未见发生变性血红蛋白血症的病例；当高于 10mg/L 时，偶有病例发生。另有报道，浓度达 20mg/L 时，并未引起婴儿的任何临床症状，而血中变性血红蛋白含量增高。当前绝大多数国家规定饮用水中硝酸盐氮含量不超过 10mg/L，但有的学者认为 10mg/L 限制过于严格，应予放宽。也有的国家定为 100mg/L（以硝酸根计）。

在国内，某地对 18 万人口地区中的 50 个托幼机构共 3824 名婴幼儿的调查表明，该地区 20 年来饮用水中硝酸盐氮含量为 14～25.5mg/L，无论过去和现在均未发现高铁血红蛋白血症的病例。对饮用硝酸盐氮含量为 25.5mg/L、8.5mg/L 和 1.9mg/L 饮用水的 3～4 岁幼儿 286 人进行了体检，未发现高铁血红蛋白血症的病例，经统计学处理，三组间血液中变性血红蛋白的含量占血红蛋白总量的百分数亦无明显差异。对饮用含硝酸盐氮为 10～30mg/L 饮用水的 156 名 1 岁以内的婴儿的调查表明，血液中变性血红蛋白的含量与对照组（饮水中硝酸盐氮含量为 5mg/L 以下）无明显差异，而饮用含硝酸盐氮大于 30mg/L 的饮用水，血液中变性血红蛋白的含量明显高于对照组。

亚硝酸盐能使血液中正常携氧的低铁血红蛋白氧化成高铁血红蛋白，因而失去携氧能力而引起组织缺氧。亚硝酸盐是剧毒物质，成人摄入 0.2～0.5g 即可引起中毒，3g 即可致死。亚硝酸盐同时还是一种致癌物质。据研究，食道癌与患者摄入的亚硝酸盐量呈正相关性，亚硝酸盐的致癌机理是：在胃酸等环境下亚硝酸盐与食物中的仲胺、叔胺和酰胺等反应生成强致癌物 N-亚硝胺。亚硝胺还能够透过胎盘进入胎儿体内，对胎儿有致畸作用。

2. 氨

氨是一种无色气体，有强烈的刺激气味，极易溶于水，常温常压下 1 体积水可溶解 700 倍体积氨，具有腐蚀性等危险性质。氨对地球上的生物相当重要，它是所有食物和肥料的重要成分。氨有很广泛的用途，是世界上产量最多的无机化合物之一，多于八成的氨被用于生产化肥。

（1）吸入危害

氨的刺激性是可靠的有害浓度报警信号。但由于嗅觉疲劳，长期接触后对低浓度的氨会难以察觉，吸入氨气后的中毒表现主要有以下几个方面。

① 轻度吸入氨中毒表现有鼻炎、咽炎、喉痛、发音嘶哑。氨进入气管、支气管会引起咳嗽、咯痰、痰内有血。严重时可咯血及肺水肿，呼吸困难、咯白色或血性泡沫痰，双肺布满大、中水泡音。患者有咽灼痛、咳嗽、咯痰或咯血、胸闷和胸骨后疼痛等。

② 急性吸入氨中毒的发生多由意外事故如管道破裂、阀门爆裂等造成。急性氨中毒主要表现为呼吸道黏膜刺激和灼伤。其症状根据氨的浓度、吸入时间以及个人感受性等而轻重不同。

③ 急性轻度中毒：咽干、咽痛、声音嘶哑、咳嗽、咯痰，胸闷及轻度头痛、头晕、乏力，支气管炎和支气管周围炎。

④ 急性中度中毒：上述症状加重，呼吸困难，有时痰中带血丝，轻度发绀，眼结膜充血明显，喉水肿，肺部有干湿性啰音。

⑤ 急性重度中毒：剧咳，咯大量粉红色泡沫样痰，气急、心悸、呼吸困难，喉水肿进一步加重，明显发绀，或出现急性呼吸窘迫综合征、较重的气胸和纵隔气肿等。

⑥ 严重吸入中毒可出现喉头水肿、声门狭窄以及呼吸道黏膜脱落，可造成气管阻塞，引起窒息。吸入高浓度的氨可直接影响肺毛细血管通透性而引起肺水肿，

可诱发惊厥、抽搐、嗜睡、昏迷等意识障碍。个别病人吸入极浓的氨气可发生呼吸心跳停止。

（2）皮肤和眼睛接触的危害表现

低浓度的氨对眼和潮湿的皮肤能迅速产生刺激作用。潮湿的皮肤或眼睛接触高浓度的氨气能引起严重的化学烧伤。急性轻度中毒：流泪、畏光、视物模糊、眼结膜充血。

皮肤接触可引起严重疼痛和烧伤，并能发生咖啡样着色。被腐蚀部位呈胶状并发软，可发生深度组织破坏。

高浓度蒸气对眼睛有强刺激性，可引起疼痛和烧伤，导致明显的炎症并可能发生水肿、上皮组织破坏、角膜混浊和虹膜发炎。轻度病例一般会缓解，严重病例可能会长期持续，并发生持续性水肿、疤痕、永久性混浊、眼睛膨出、白内障、眼睑和眼球粘连及失明等并发症。多次或持续接触氨会导致结膜炎。

（3）急救措施

① 清除污染　如果患者只是单纯接触氨气，并且没有皮肤和眼的刺激症状，则不需要清除污染。假如接触的是液氨，并且衣服已被污染，应将衣服脱下并放入双层塑料袋内。如果眼睛接触或眼睛有刺激感，应用大量清水或生理盐水冲洗20min以上。如在冲洗时发生眼睑痉挛，应慢慢滴入 1～2 滴 0.4% 奥布卡因，继续充分冲洗。如患者戴有隐形眼镜，又容易取下并且不会损伤眼睛的话，应取下隐形眼镜。对接触的皮肤和头发用大量清水冲洗 15min 以上。冲洗皮肤和头发时要注意保护眼睛。

② 病人复苏　应立即将患者转移出污染区，至空气新鲜处，对病人进行复苏三步法（气道、呼吸、循环）。气道：保证气道不被舌头或异物阻塞。呼吸：检查病人是否呼吸，如无呼吸可用袖珍面罩等提供通气。循环：检查脉搏，如没有脉搏应施行心肺复苏。

③ 初步治疗　氨中毒无特效解毒药，应采用支持治疗。对氨吸入者，应给湿化空气或氧气。如有缺氧症状，应给湿化氧气。如果呼吸窘迫，应考虑进行气管插管。当病人的情况不能进行气管插管时，如条件许可，应施行环甲状软骨切开术。对有支气管痉挛的病人，可给支气管扩张剂喷雾。如皮肤接触氨，会引起化学烧伤，可按热烧伤处理：适当补液，给止痛剂，维持体温，用消毒垫或清洁床单覆盖伤面。如果皮肤接触高压液氨，要注意冻伤。误服者给饮牛奶，有腐蚀症状时忌洗胃。

（4）氨的职业危害预防措施

氨作业工人应进行作业前体检，患有严重慢性支气管炎、支气管扩张、哮喘以及冠心病者不宜从事氨作业。

工作时应选用耐腐蚀的工作服、防碱手套、眼镜、胶鞋、防毒口罩，防毒口罩应定期检查，以防失效。

在使用氨水作业时，应在作业者身旁放一盆清水，以防万一；在氨水运输过程中，应随身携带 2～3 只盛满 3％硼酸液的水壶，以备急救冲洗；配制一定浓度氨水时，应戴上风镜；使用氨水时，作业者应在上风处，防止氨气刺激面部；操作时要严禁用手揉擦眼睛，操作后洗净双手。

预防皮肤被污染，可选用 5％硼酸油膏；配备良好的通风排气设施，合适的防爆、灭火装置；工作场所禁止饮食、吸烟，禁止明火、火花；应急救援时，必须佩戴空气呼吸器；发生泄漏时，将泄漏钢瓶的渗口朝上，防止液态氨溢出；加强生产过程的密闭化和自动化，防止"跑、冒、滴、漏"；使用、运输和贮存时应注意安全，防止容器破裂和冒气；现场安装氨气监测仪及时报警发现。

3. 含氮氧化物

氮氧化物是指一系列由氮元素和氧元素组成的化合物，包括 N_2O、NO、N_2O_3、NO_2、N_2O_4、N_2O_5，通常用分子式 NO_x 来统一表示。大气中 NO_x 主要以 NO、NO_2 的形式存在。

氮氧化物对人体的危害很大，可直接导致人体的呼吸道损伤，而且是一种致癌物，除此之外，还会使植物受损伤甚至死亡；在阳光的催化作用下，氮氧化物易与碳氢化物发生复杂的光化反应，产生光化学烟雾，导致严重的大气污染；氮氧化物会导致臭氧层的破坏；氮氧化物也易与水气结合成为含有硝酸成分的酸雨。以上光化学烟雾、酸雨及臭氧问题，近年来有逐渐恶化的趋势，已经成为政府及社会公众非常关心的问题。

氮氧化物的产生主要来自于两个方面：自然界本身和人类活动。据统计，由自然界本身变化规律产生的 NO_x 每年约 500×10^6 t，人类活动产生的 NO_x 每年约 50×10^6 t。从数据来看，虽然人类活动产生的 NO_x 较自然界本身产生的 NO_x 少得多，但由于人类活动产生的 NO_x 往往比较集中，浓度较高，且大多在人类活动环境区域内，因而其危害性更大。人类活动产生的氮氧化物主要来源于两个方面：一是含氮化合物的燃烧；二是亚硝酸、硝酸及其盐类的工业生产及使用。据美国环保署估计，99％的 NO_x 产生于含氮化合物的燃烧，如火力电厂煤燃烧产生的烟气、汽车尾气等。在亚硝酸、硝酸及其盐类的工业生产及使用过程中，由于它们的还原分解会放出大量的 NO_x，其局部浓度很高、处理困难、危害大。在含 NO_x 废气中，对自然环境和人类生存危害最大的主要是 NO 和 NO_2。NO 为无色、无味、无臭气体，微溶于水，可溶于乙醇和硝酸，在空气中可缓慢氧化为 NO_2，与氧化剂反应生成 NO_2，与还原剂反应生成 N_2。NO_2 溶于水和硝酸，和水反应生成

HNO_3 和 HNO_2，和碱及强碱弱酸盐反应生成硝酸盐和亚硝酸盐，和还原剂反应还原为 N_2。

近些年发展起来的处理氮氧化物废气的方法主要有电子束照射法、光催化氧化法、生化法、低温等离子体技术、液膜法。

二、磷的重要化合物

1. 磷肥

肥料是重要的农业生产资料，不仅提供农作物生长必需的营养元素，还能改善土壤，培肥地力。增加肥料投入，科学施用化肥，仍然是当前和今后农业生产过程中的重要增产措施。但是不合理施用肥料，不仅不能提高农作物产量和改善产品品质，还将对环境造成不同程度的污染。

氮肥、磷肥与钾肥是作物需要量最多的三大营养元素肥料，也称为肥料的三要素或大量元素肥料，其还需要补充较少的硫、铁、镁等称为中量营养元素肥料，极少的硼、锌、铁、锰、铜、钼等称为微量元素。

磷是组成原生质、核细胞的重要元素，它能促进作物开花结果，籽实早熟，并可提高籽实的质量。磷是一切生物所必需的营养元素，是构成核蛋白磷脂和植素等不可缺少的组分，参与植物内糖类和淀粉的合成和代谢。施用磷肥可以促进农作物更有效地从土壤中吸收养分和水分，增进作物的生长发育，提早成熟，增多穗粒，籽实饱满，提高谷物、块根作物的产量。同时，它还可以增强作物的抗旱和耐寒性，提高块根作物中糖和淀粉的含量。

磷肥根据来源可分为：天然磷肥，如海鸟类、兽骨粉和鱼骨粉等；化学磷肥，如过磷酸钙、钙镁磷肥等。根据所含磷酸盐的溶解性能可分为：水溶性磷肥，如普通过磷酸钙、重过磷酸钙等，其主要成分是磷酸一钙，易溶于水，肥效较快；枸溶性磷肥，如沉淀磷肥、钢渣磷肥、钙镁磷肥、脱氟磷肥等，其主要成分是磷酸二钙，不溶于水而溶于2％枸橼酸溶液，肥效较慢；难溶性磷肥，如骨粉和磷矿粉。其主要成分是磷酸三钙，不溶于水和2％枸橼酸溶液，必须在土壤中逐渐转变为磷酸一钙或磷酸二钙后才能产生肥效。根据生产方法又可分为湿法磷肥和热法磷肥。

农作物吸收的养分必须是溶解状态的，即能够溶解于土壤的水中或作物根系分泌的弱酸中，呈离子或分子状态存在。化肥进入土壤后，主要是呈离子状态被作物吸收的。

（1）水溶性磷肥的转化

水溶性磷肥施入土壤之后，产生两大作用：一是化学沉淀作用，二是吸附作用。现以磷酸一钙为例简述化学沉淀作用。

当磷酸一钙颗粒施入土壤后，就会吸收土壤水分，形成含有磷酸和磷酸二钙（二水）的饱和溶液，即所谓的异成分溶解，其化学反应是：

$$Ca(H_2PO_4)_2 \cdot H_2O + H_2O \Longrightarrow CaHPO_4 \cdot 2H_2O + H_3PO_4$$

这种具有强酸性（pH值为1.5左右）的饱和溶液向肥粒外面扩散。

在酸性和中性土壤中，饱和溶液向外扩散时，溶解土壤中的一部分铁、铝、钙，在浓度够大时，形成难溶性的磷酸铁、磷酸铝等沉淀，从而使水溶性的磷被土壤"固定"。

在石灰性土壤中，饱和溶液与石灰性土壤中的钙生成磷酸二钙沉淀。

初生成的磷酸铁、磷酸铝、磷酸钙等盐类，由于有很大的比表面，因而对作物还是具有很大的有效性的。但随着时间的延续，生成物老化、结晶，一部分磷还会转化为闭蓄态磷，肥效就大大下降了。

沉淀作用必需的条件是磷的浓度要高到超过沉淀产物的浓度积。在一般土壤中，磷的浓度，铁、铝的浓度都很低，形不成沉淀。施入土壤的水深性磷肥，主要在土壤中进行吸附作用，即溶解在土壤溶液中的磷被土粒吸附而进入土壤固相。吸附作用是在土粒表面进行的。

（2）枸溶性和难溶性磷肥的转化

枸溶性和难溶性磷肥都是不溶于水的磷肥，如钙镁磷肥和磷矿粉。施入土壤后的转化过程与水深性磷肥不同，主要是一个溶解过程。所以这些磷肥一般只适用于酸性土壤，依靠土壤酸性逐渐溶解，使它变为有效。我国不少地方把钙镁磷肥用于石灰性土壤，虽然也有一定肥效，但是实际上只发挥了其应有肥效的70%～80%，严格地说是不合适的。

磷矿粉施入酸性土壤后，即与土壤中的酸作用而部分溶解，生成的水溶性或有效性磷又大部分重新与土壤中的铁、铝作用而生成磷酸铁、磷酸铝。这种溶解作用到第二年时，可有50%的磷矿粉被溶解。当大部分磷矿粉转化为磷酸铁、磷酸铝后，溶解作用显著减慢。这种情况也与钙镁磷肥的转化情况相似，只是钙镁磷肥的转化速度快得多，而且在第二年几乎全部都转化为磷酸铁、磷酸铝。

水溶性磷肥（普通过磷酸钙）开始释放磷很高，全由于"固定"作用，到第二年有效磷水平降低到某一水平。此后，下降速度即大减慢。而钙镁磷肥和磷矿粉的有效磷水平则是随着时间的延长不断增加。

钙镁磷肥和磷矿粉有两点不同：一是钙镁磷肥的有效水平增长到第二年，即出现下降趋势，而磷矿粉则一直上升，虽然速度有所变慢。二是在等量的肥料情况下，钙镁磷肥所提供的有效磷比磷矿粉高得多。

（3）磷肥与环境

磷肥生产对环境造成的影响，如磷石膏（生产 1t H_3PO_3 就要副产磷石膏 5t）、污水处理、氟的污染及矿山复垦等问题。其中磷石膏处理是一个重大问题，因为数量很大，而且含有放射性，存贮时也会对生物造成危害。

磷肥也给水体环境带来了很大的影响。水体中只要含 0.02mg/kg 的磷，将使水体开始富营养化。我国的几大湖泊几乎都或轻或重地存在着水体的富营养化问题，有些达到了甚为严重的程度。有报告指出，磷素经由水体被带入一些湖泊（如滇池、洱海、淀山湖和南四湖等）的总磷量中来自农田的约占 14%～68%。说明应当重视农田磷肥投入对水体环境的威胁。大量的研究结果表明，进入水体的磷主要是通过径流带入，当然渗漏也会占有一部分。而径流水溶磷的浓度必然和土壤有效磷水平有关。

由于磷肥是用自然界中磷矿石加工成的，磷矿石除含钙的磷酸盐矿物外，还含有相当数量的杂质，特别是中低品位磷矿，杂质更多，这些杂质直接影响磷矿和磷肥中镉、镍、铜、钴、铬含量。据中国科学院南京土壤研究所鲁如坤等对全国磷矿和磷肥中镉含量的研究表明：中国主要磷矿的镉含量在 0.1～2.9mg/kg 范围内，平均为 0.98mg/kg，远比其他国家磷矿中含镉量低。国产过磷酸钙和钙镁磷肥的平均含镉量为 0.60mg/kg，特别是钙镁磷肥，平均含镉量只有 0.11mg/kg。

因此，为减少通过施肥对环境造成的负面影响，应依据科学的施肥原理，大力推广配方肥施用，做到施肥适时适量、科学合理。只要按照施肥原理合理施用肥料，不仅会大大提高肥料的利用效率，减小施肥对环境的危害，而且对农业的持续发展也有着重要的作用。

2. 有机磷

有机磷化合物在核酸、辅酶、有机磷神经毒气、有机磷杀虫剂、有机磷杀菌剂、有机磷除草剂、化学治疗剂、增塑剂、抗氧化剂、表面活性剂、配合剂、有机磷萃取剂、浮选剂和阻燃剂等方面应用广泛。

三、水体富营养化

自然界的水体在其形成初期，水质洁净透明，所含营养盐类很少，浮游生物的生产力也非常小。随着工农业的迅速发展和人民生活水平日益提高，生物所需的氮、磷等营养物质大量进入湖泊、水库、河口、海湾等流动缓慢的水体，引起藻类及其他浮游生物迅速、大量的繁殖，水体中溶解氧量下降，水质恶化，导致鱼及其他生物大量死亡。这种现象称为水体富营养化。水体中营养物质由少到多逐渐增加，导致造成水质恶化的过程称作富营养化过程。

1. 水体富营养化类型及富营养化程度判别标准

（1）水体富营养化类型

根据水体的不同，富营养化分为两种类型。发生在海洋的水体富营养化，称为"赤潮"；发生在江河湖泊的水体富营养化，称为"水华"或"水花"。

① 赤潮 赤潮又称红潮，国际上通称为"有害藻华"，是海洋中某一种或几种浮游生物在一定环境条件下爆发性繁殖或高度聚集，引起海水变色，影响和危害其他海洋生物正常生存的灾害性生态异常现象。由于浮游生物常具有各种颜色，大量漂浮在水中会使水面呈现红、蓝、棕、白等各种不同的颜色，因此，赤潮不一定是红色，而是各种色潮的统称。赤潮主要发生在近海海域。赤潮由于发生的地点不同，有外海型和内湾型之分；有外来型和原发型之别。还因出现的生物种类不同而有单相型、双相型和多相型之异。

20 世纪 80 年代以前，赤潮主要发生在一些工业发达国家的近海，日本是重灾区。到 20 世纪 80 年代以后，赤潮的发生波及世界几乎所有沿海国家海域。近几年来，我国沿海发生赤潮的频率明显增大，并且赤潮面积大，持续时间长。2000 年，中国海域一共发现并记录到赤潮 28 起，累计面积达 1 万多平方千米，最长的持续了 30 多天。而美国的佛罗里达州海洋也时有赤潮发生，引发赤潮的藻类向海水中释放一种毒素，海牛进食和呼吸时都能将这种毒素摄入体内，从而引起全身麻痹，最后导致死亡。1996 年暴发的一场赤潮造成 149 头海牛死亡，2002 年共有 305 头海牛死去，在 2003 年 2 月 27 日至 4 月 15 日这段时间里，一场有毒的赤潮又杀死了至少 60 头海牛。同年，因为赤潮的原因，美国政府 3 年来首次关闭了从鹿儿岛到新罕布什尔州边界的贝类河床。

2005 年美国发生的赤潮是 1972 年以来最严重的一次，感染了包括蚌类、蛤在内众多贝类，使其不能被人类和其他动物安全食用。这次赤潮给新英格兰的贝类养殖业带来了三百万美元的损失。

② 水华 水华又称水花、藻花，是淡水水体中某些蓝藻类过度生长的现象。大量发生时，水面形成一层很厚的绿色藻层，能释放毒素，对鱼类有毒杀作用。它不仅破坏水产资源也影响水体的美学观感与游乐功能。

我国主要的淡水湖泊如太湖、巢湖、西湖、东湖和南湖等都已呈现出富营养化现象，云南的滇池就是一个最典型的例子。

（2）水体富营养化程度判别标准

在湖泊水体中，若生产者、还原者、消费者达到生态平衡，该湖泊属于调和型湖泊。调和型湖泊可依据湖水营养化程度大小分为贫营养化湖泊、中营养化湖泊、富营养化湖泊和过营养化湖泊，见表 8-1。而所谓非调和型湖泊中，不存在能生产有机物质的生产者。非调和型湖泊又可分为腐殖质营养湖和酸性湖两类，前者湖水呈弱酸性，水质褐色透明，含有大量难分解的腐殖质；后者是由于火山活动及酸雨等影响，使湖水呈较强酸性，因而导致水中大部分生物死亡或外逃。

表 8-1　水体富营养化的划分

营养化程度	总磷/($\mu g/L$)	无机氮/($\mu g/L$)
极贫	<5	<200
中贫	5～10	200～400
中	10～30	300～650
中富	30～100	500～1500
富	>100	>1500

水体中氮、磷等营养物质浓度升高是藻类大量繁殖的原因，其中又以磷为关键因素。影响藻类生长的物理、化学和生物因素（如阳光、营养盐类、季节变化、水文、水体的 pH 值以及生物本身的相互关系）是极为复杂的。目前，一般采用的富营养化判别指标是：水体中氮含量超过 0.2～0.3mg/L，磷含量大于 0.01～0.02mg/L，生化需氧量（BOD）大于 10 mg/L，pH 值为 7～9 的淡水中细胞总数超过 10 万个/mL，表征藻类数量的叶绿素 a 含量大于 0.01mg/L。

2. 水体富营养化过程

（1）水体中的藻类

藻类作为富营养化污染的主体，可分为蓝绿藻类、绿藻类、硅藻类和有色鞭毛虫类四种类型。蓝绿藻类呈蓝绿色，一般在早秋季节容易萌生，并以水体中有机物富集、硅藻类繁生等现象作为其产生的先兆。蓝绿藻体内含有气体乃至油珠，所以能漂浮在水面，并在水和大气界面间形成"毯子"状隔绝体。这种藻类体上不附有鞭毛，所以游动能力较差。当水体处于富营养化状态时，水面上原先占优势的硅藻逐渐消失而转为以蓝绿藻为主体的态势。蓝绿藻类含胶质外膜，不适于作鱼类食物，甚至还可能含有一定的毒性。

绿藻类通常在盛夏季节容易大量萌生，这些藻类细胞中含有叶绿素，所以外观呈现绿色。同蓝绿藻一样，常漂浮在水面，这种藻类体上附有鞭毛，所以有一定的游动能力。

硅藻类是单细胞藻类，体上不长鞭毛。一般在较冷季节容易繁生，也能在水下越冬生长。它们一般生长在水面处，但在水体的任何深度，甚至在水底都能发现它们的存在。硅藻还能依附在水生植物的茎叶表面，使这些植物外观呈现浅棕色。在某些条件下，还能与其他藻类混杂在一起。在水底岩石或岩屑表面常有一层又鼓又滑的附着层，也是附生在其上的硅藻。

有色鞭毛虫类因其有发达的鞭毛而得名，它除了具有通过光合作用合成原生质的藻类的固有机能外，还具有原生动物的浮游本领。这种藻类的繁生季节一般在春季（可因水域而异），可在任何深度的水体内活动，但多数生长在水面之下。

（2）水体中的营养物

对水体中的藻类来说，营养物质是指那些促进其生长或修复其组织的能源性物质。在适宜的光照、温度、pH 值和具备充足营养物质的条件下，天然水体中的藻类进行光合作用（R）合成本身的原生质，其总反应式为：

$$106CO_2 + 16NO_3^- + HPO_4^{2-} + 122H_2O + 18\ H^+ \Longleftrightarrow C_{106}H_{263}O_{110}N_{16}P + 138\ O_2$$

（藻类原生质）

从反应式可知，在藻类繁殖所需要的各种成分中，成为限制性因素的是氮和磷。所以藻类繁殖的程度主要取决于水体中这两种成分的含量，并且已经知道，能为藻类吸收的是无机形态的含磷、含氮的营养物。

此外，微量的营养物质是指镁、锌、钼、硼、氯、钴等元素的化合物。人们只是对水体中的氮、磷营养物质做了较长期的深入研究，除了它们在富营养化污染上起着关键作用外，还因为在农业生产中长期使用肥料，在近代生活中大量应用合成洗涤剂，其主要成分都是氮和磷的化合物。另外，以微量元素为研究对象时，其分析、测定、研究等方面还存在着许多困难也是原因之一。

水体中所含氮化合物有多种形态，包括有机氮、氨态氮、亚硝酸盐氮、硝酸盐氮等。多种形态的含氮化合物在水体中可能发生相互转化，但藻类优先摄取的可能是氨态氮。水体中所含磷化合物也有多种化学形态，且在水体中各种形态间也会发生相互转化，但藻类优先摄取的可能是可溶性正磷酸盐（见图 8-1）。

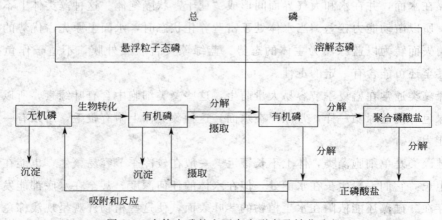

图 8-1　水体中磷的主要存在形态及转化途径

水体中氮、磷营养物质的最主要来源有雨水、农业污水、城市污水、工业废水以及城镇、乡村的径流和地下水等。大面积湖水和水库中水从雨水接纳氮、磷营养物质的数量是相当大的。雨水中硝态氮含量约为 $0.16 \sim 1.06\text{mg/L}$，氨态氮约为 $0.04 \sim 1.7\text{mg/L}$。磷含量在 0.1mg/L 至不可检测的范围间。天然固氮作用和化肥的使用，使土壤中积累了相当数量的营养物质，可随农用排水或雨水淋洗流入邻近的水体，饲养家畜所产生的废物中也含有相当高浓度的营养物质；城市污水中所含氮、磷的来源主要是粪便和合成洗涤剂。通常水体中营养物质的分布取决于季节及生物活动能力。

（3）水体中氮、磷营养物的转化

水体中有机氮的转化涉及蛋白质的降解过程，包括氨化和硝化过程。氨化可在有氧或无氧条件下进行，产物为 NH_3 或 NH_4^+；硝化只有在有氧条件下才能进行，产物为 NO_3^-；它们都可重新由植物作为营养吸收。无机氮的转化以蛋白质溶解产物氨态氮为起点，包括亚硝化、硝化、反硝化及脱氧作用。一般好氧条件下，可刺激微生物把氨氧化成亚硝酸，它再进一步被氧化成硝酸。而在厌氧条件下，少数自养菌能利用葡萄糖使硝酸盐还原成 NH_3、N_2 或 N_2O，此过程称为反硝化或脱氧作用。

在自然条件下，主要是微生物的生化脱氮。此外还有化学脱氮。在酸性介质中，亚硝酸盐分解生成 NO_2，被化学氧化成 N_2O_5，它溶于水生成 HNO_3，导致氮的流失。

水体中的磷可以多种形态存在，基本上所有的无机磷均以磷酸盐形态存在，在天然水体的 pH 值条件下，主要为可溶性的 HPO_4^{2-}（90%）和 $H_2PO_4^-$（10%）的混合物，HPO_4^{2-} 为植物的基本营养物质。污水中排放的洗涤剂，所含三聚磷酸盐可水解形成正磷酸盐。此外，还有可溶性有机磷化合物存在。水中可溶性磷含量较少，主要以悬浮态存在。因其易生成难溶性的 $CaHPO_4$、$AlPO_4$、$FePO_4$ 等，多沉积于水体底泥。磷在水和沉积物之间存在着交换作用。在微生物作用下，无机磷被转化为 ATP 和 ADP 进入生物体。

水体中 N、P 浓度的比值与藻类增殖密切相关。我国学者研究发现，湖水中 N 与 P 比值范围为 $(11.8 \sim 15.5):1$（均值为 $12:1$）时，最有利于藻类生长。但磷对水体的富营养化作用大于氮，当水体中磷供给充足时，藻类可以得到充分增殖。值得指出的是，即使有大量磷存在，当氮含量太低时，仍然不足以造成富营养化。当缺乏 CO_2 时，即使有足够量的磷和氮也仍然不能造成富营养化，这就是生物各营养要素之间综合作用又相互制约的关系。

3. 水体中的营养物质的来源

水体中的植物营养物一般来自以下三个过程：降水对大气的淋洗；径流对地表物质的淋溶和冲刷；工农业废水和生活污水的直接排入。

大气中含 N 和含 P 的污染物例如 NH_3、NH_4^+ 和 NO_3^- 等，是地表水中营养物的来源之一，不过与后两个方面相比，这一途径的贡献相对小得多。

为了提高农作物的产量，常向农田施用大量的无机肥料，而真正被吸收和利用的只是很小一部分，过剩的肥料中溶解性较强的部分会被雨水、农田排水冲刷到附近的河流或湖泊，引起水体氮磷浓度的升高。

含磷矿石生产磷酸时会产生磷石膏废物，生产过程中的磷损失近 2%。磷石膏废渣一般是填埋到地下，但由于填埋后渗滤出的部分相当可观，是周围水体营养物的一个直接来源。毛纺、制革、造纸、印染及食品加工工业等排放出的废水中也含有大量的植物营养物。

人们日常生活中大量使用的洗涤剂是水体中植物营养物的一个很更要的来源。许多洗涤剂中都含有多聚磷酸盐，排入环境后能在水体中微生物的作用下分解转化成正磷酸盐。洗涤剂行业目前的绿色产品就是低磷和无磷洗涤剂。

4. 水体富营养化的危害

在自然条件下，湖泊会从贫营养过渡到富营养，进而演变为沼泽和陆地，这是一个极为缓慢的过程。但由于人类活动所引起的水体富营养化，可在短期内使水体由贫营养变为富营养状态。富营养化造成水的透明度降低，阳光难以穿透水层，从而影响水中植物的光合作用和氧气的释放；而表层水面植物的光合作用可能使溶解氧过饱和。表层溶解氧过饱和以及水中溶解氧少，都对水生生物（主要是鱼类）有害，造成它们大量死亡。藻类本身可使水道阻塞，缩小鱼类生存空间，水体变色，其分泌物又能引起水发臭、变味，在给水处理中造成各种困难。更重要的是富营养化还能破坏水体中生态系统原有的平衡。藻类繁殖将使有机物生产速率远远超过有机物消耗速率，从而使水体中有机物积蓄，其后果是：促进细菌类微生物繁殖，一系列异养生物的食物链都会有所发展，使水体耗氧量大大增加；生长在光照所不及的水层深处的藻类因呼吸作用也大量耗氧；沉于水底的死亡藻类在厌氧分解过程中促进大量厌氧菌繁殖；富氨态氮的水体使硝化细菌繁殖，而在缺氧状态下又会转向反硝化过程；最后，将导致水底有机物的消耗速率超过其生长速率，使其处于腐化污染状态，逐渐向上扩展。严重时，可使一部分水体区域完全变成腐化区。

与富营养化和藻类大量繁殖相关的另一个特殊问题是产生藻类毒素及相关的疾病。例如双鞭甲藻类的迅速生长不但会使水体变色，还会产生毒素（如石房蛤毒素）。一些软体动物食用了这种藻类后使毒素富集起来，进而导致人类中毒，严重时甚至引起"贝类中毒麻痹症"（简称 PSP）的爆发。海水中的颤藻能引起严重的皮炎症，许多海滨浴场因此关闭。金藻门细菌的恶性繁殖则会导致养殖场的鲑鱼和鳟鱼等大量死亡。

总之，由富营养化而引起有机物大量生长的结果，反过来又走向其反面，藻类、植物、鱼类及其他水生生物等趋于衰亡甚至绝迹。这些现象可能周期性交替出现。

5. 水体富营养化的预防

对于日益严重的水体富营养化问题，采取有效的预防和治理措施已是一件迫在眉睫的任务。1990 年联合国把赤潮列为世界三大近海污染问题之一。为加强全球范围赤潮的研究和监测，联合国教科文组织的政府间海洋学委员会等组织均成立了赤潮研究专家组或工作组，指定赤潮研究和监测计划。我国于 1985 年成立了"南海赤潮研究中心"，1990 年成立了"有害赤潮专家组中国委员会"。2001 年，国家海洋局向沿海省市下发了《关于加强海洋赤潮预防控制治理工作的意见》，提出积极建设一个全国性的赤潮综合防治体系，以有效减轻赤潮灾害造成的损失。

预防水体富营养化的主要措施是减少营养物质向水体的输入。

① 推广绿色技术、清洁生产，使用低磷洗涤剂。生活在软水区的居民可使用肥皂型洗涤剂来替代合成洗涤剂；在硬水区，可利用无害的替代品取代三聚磷酸钠。要实现洗涤剂的完全无磷化，目前还不太可能。但若能从含磷 20%～30% 减少到 12% 以下，已经是一个巨大的进步。

② 增加"绿肥"的使用。通过生物固氮以消除氮的直接损失，减少对化肥的需求。

③ 妥善处理含磷矿渣。土地填埋技术必须与渗滤液的化学控制相结合。

④ 污水处理厂应增加去除营养物质的工艺流程。

目前，水质净化厂主要去除污水中的有机物，一般的机械和生物处理过程可以去除 90% 的有机物，但营养物质只去除了 30%。而剩余的营养物质进入地表水后经藻类的光合作用又会产生新的有机物，其数量甚至高于原污水中所含的有机物。所以从最终结果看，若不同步去除营养物质，只对有机物的去除并没有从根本上解决问题。如果在去除有机物的同时，增加脱 N 和脱 P 的步骤，效果要好得多，而投入的费用远比造成富营养化危害再治理要小。因此研发经济、有效、投资费用低的污水除 N、除 P 技术，是实现防止富营养化进程中十分迫切的课题之一。

磁分离净水技术是水环境保护技术中的一枝新葩。在污水中加入强磁性粉末（例如 Fe_2O_3 细粉，称为磁性种子），利用磁粉吸附水中的有害物质，然后通过磁分离器将有害物质分离消除。为了提高吸附效率，可加入少量 Al_2O_3 作为絮凝剂。

利用这种方法可以分离污水（主要是生活污水和工业废水）中的细菌、病毒、悬浮颗粒和重金属盐等有害物质。磁分离技术还可以解决污水处理过程中酶的回收问题。为了缩短污水处理生化反应池内的停留曝气时间，提高污水处理速度，通常选择合适的微生物或加入某种酶，以加快反应速率。酶在生化反应中起到催化剂的作用，本身不会减少，但从生物制品和污水中回收酶却是一个难题。根据酶和污泥磁化率的差异，用高梯度磁分离器可以使酶分离后再利用。另外，一定强度的磁场还可以对部分微生物起到促进生长、加快繁殖的作用，从而使污泥中微生物的含量增多，增大反应速率，加快污水处理。经过有关专家多方面论证，磁分离技术在设备、操作、效率、经济成本各方面都是可行的，所以磁分离技术有着广阔的发展前景。

在污水除 N 的方法中，生物脱氮法是最为理想的一种。此方法可分为氨的硝化和硝酸脱氮两个步骤。在亚硝酸菌的作用下，NH_4^+ 首先被氧化成 NO_2^-，然后被硝酸菌进一步氧化成 NO_3^-。

$$NH_4^+ + 2O_2 \longrightarrow NO_3^- + H_2O + 2H^+$$

在有 O_2 条件下，脱 N 细菌进行有氧呼吸，而在厌氧的条件下，会利用 NO_3^- 代替 O_2 进行呼吸。

$$2NO_3^- + 10H \longrightarrow N_2 \uparrow + 4H_2O + 2OH^-$$

可见，要想脱 N 还必须有 H，即需要有能提供 H 的有机物存在，通常是用甲醇。

目前除 P 的有效方法是絮凝沉淀法。常用的絮凝剂有 Pb 盐、Fe 盐和石灰等。表 8-2 归纳出了防治水体富营养化的方法。

表 8-2　防治水体富营养化的方法

防止方法	治理方法
对污泥深度处理除去 N、P	使用化学药剂或引入病毒杀藻
排水改道引流（如作灌溉水）	打捞藻类
改变水体的水文参数（流速、含水量、温度等）	人工曝气
	疏浚底泥
不用含磷洗涤剂	引水（不含营养物）稀释

水体出现富营养化后，如果迅速切断污染源，依靠浮游生物的光合作用和水的涡旋运动引起的混合，可逐渐帮助水体将溶解氧水平恢复正常。但若富营养化程度已十分严重，则必须采取相应的治理措施。可以通过养殖以水草为食物的鱼种来大量消耗藻类和大型水生生物，以减轻富营养化的症状，但这些动物的排泄物中同样

也含有相当量的营养物质，因此这种办法只能起到缓解作用，不能从根本上解决问题。有些地区将大型的水生植物收割、加工，用做动物饲料或能源，在一定程度上缓解了富营养化的问题。

还有一条途径就是疏浚挖泥，先通过加入铝盐或 Fe（Ⅲ）等沉淀剂使磷酸盐等营养物质沉积到水底，然后将污泥挖出。这是一种较为彻底的解决办法，但比较费力，投资也很大。

总之，水体富营养化现象是一个全球性的环境问题，在一些地区甚至还在不断加剧，各国都应针对具体情况采取有效措施，使自身的工业生产、农业生产和其他行业行为更趋于合理化，以控制富营养化过程，并力争使其早日逆转。

四、光化学烟雾

1. 光化学烟雾定义

光化学烟雾是城市化过程中，由于交通、能源等工业的发展，大量的氮氧化物和碳氢化合物排放进入大气中，在一定的条件下，如强日光、低风速和低湿度等，这些化学组分发生化学转化而成蓝色的强氧化性气团，这种气团以臭氧为主要污染物，其他的氧化性组分还包括醛类、过氧乙酰硝酸酯（PAN）、过氧化氢（H_2O_2）和细粒子气溶胶等。把产生的这种现象称为光化学烟雾。

光化学烟雾是 1940 年在美国的洛杉矶地区首先发现的。之后，在日本、英国、德国、澳大利亚和中国先后出现光化学烟雾污染，到现在，这一类型的污染几乎成为世界各大城市主要的大气环境问题。而且，光化学烟雾污染是典型的二次污染，即由源排放的一次性污染物在大气中经过化学转化而形成，因此污染区域可达下风向几十到上百公里，成为一种区域性的污染问题。

图 8-2 为洛杉矶几种污染物浓度的日变化曲线。

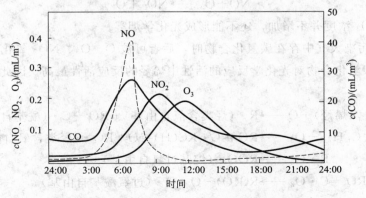

图 8-2　洛杉矶几种污染物浓度的日变化曲线（1965 年 7 月 19 日）

2. 光化学烟雾的特征

光化学烟雾的特征是烟雾弥漫，呈浅蓝色，具有强氧化性，刺激人们眼睛和呼吸道黏膜，伤害植物的叶子，加速橡胶老化，并使大气能见度降低。光化学烟雾主要发生在强日光及大气相对湿度较低的夏季晴天，白天形成，晚上消失；其高峰常出现在中午或午后，受气象条件影响，逆温静风情况会加剧光化学烟雾的污染。

光化学烟雾的形成必须具备一定的条件，如污染物条件、气象条件、地理条件。

污染物条件：光化学烟雾的形成必须要有 NO_2、碳氢化合物等污染物的存在。

气象条件：光化学烟雾发生的气象条件是太阳辐射强度大、风速低、大气扩散条件差且存在逆温现象等。大气相对湿度较低，大气温度较低（24～32℃），而且有强烈阳光照射。

地理条件：光化学烟雾的多发地大多数是在比较封闭的地理环境中，这样就造成了 NO_x，碳氢化合物等污染物不能很快扩散稀释，容易产生光化学烟雾。

光化学烟雾在白天生成，傍晚消失，污染高峰出现在中午或午后。

3. 光化学烟雾形成机理

由于光化学烟雾是发生在十分复杂的体系中，气象条件、污染物的排放量、种类等多变因素，均影响光化学烟雾的形成。

① NO_x 的光解是光化学烟雾形成的主要起始反应。

$$NO_2 + h\nu \longrightarrow NO + O \qquad ①$$

生成的原子态氧，活性很大，能和空气中的 O_2 反应，生成氧化性极强的 O_3。

$$O + O_2 + M \longrightarrow O_3 + M \qquad ②$$

式中，M 代表促使 O_3 形成的大气中的其他分子（可以是 N_2 或 O_2）。由于 O_3 的强氧化性，通常情况下又会立即与初始存在或反应生成的 NO 反应。

$$NO + O_3 \longrightarrow NO_2 + O_2 \qquad ③$$

因此 O_3 浓度并不增加，还不能形成光化学烟雾。

② 当污染大气中存在碳氢化合物时，后者可被 O、O_3、NO_2 氧化生成一系列自由基。碳氢化合物对光化学反应的活性中烯烃的反应活性最高。因此，以烯烃为例介绍。

$$C_xH_{2x}（烯烃）+ O \longrightarrow R·（烃类含氧自由基）+ RO=C·（酰基自由基） \qquad ④$$

$$C_xH_{2x} + O_3 \longrightarrow RO=C·RC(H)=O + RO·（烃类含氧自由基） \qquad ⑤$$

$$R·O_2 \longrightarrow ROO·（烷基过氧自由基） \qquad ⑥$$

$$RO=C·O_2 \longrightarrow RC(O)-O-O·（过氧酰基自由基） \qquad ⑦$$

③ 过氧化基引起 NO 向 NO_2 的转化，导致了 PAN 等强氧化剂的生成，并且

在此过程中，O_3 无需在 $NO \longrightarrow NO_2$ 中消耗，故得以积累下来。

$$ROO \cdot + NO \longrightarrow NO_2 + RO \cdot \qquad\qquad ⑧$$

$$RC(O)—O—O \cdot + NO_2 \longrightarrow RC(O)—O—O=NO_2 （过氧乙酰硝酸酯，即 PAN）\quad ⑨$$

自由基的反应代替了反应③中的 O_3 将 NO 氧化为 NO_2，因而由反应②产生的 O_3 不再消耗。而大部分的自由基经过一系列反应转化成为 PAN。

由各种燃烧设备，特别是汽车排出废气中的碳氢化合物和氮氧化物等一次污染物，在阳光中紫外线的照射下发生一系列的光化学反应，产生了 O_3（85％以上）、PAN（10％）、高活性自由基（$RO_2 \cdot$、$HO_2 \cdot$、$RCO \cdot$ 等）、醛类、酮类、酸和 NO_2 等二次污染物，NO_2 既为一次污染物，又是二次污染物。

机动车尾气向大气排放 CO、NO_x 和碳氢化合物及固体颗粒物等。我国主要大城市机动车数量大幅度增长，据资料表明，北京、上海等大城市机动车排放的污染物已占大气污染负荷的 60％以上，其中排放的 NO_x 对大气污染的分担率达 80％，NO_x 达到 40％。这说明我国大城市的大气污染正由第一代煤烟型污染向第二代汽车型污染转变。机动车尾气已成为形成光化学烟雾的一个重要来源。此外，火力发电厂、钢铁厂、冶炼厂、炼焦厂、石油化工厂、氮肥厂等工矿企业在生产过程中所排放的 CO_2、CO、NO_x 和煤烟粉尘等，都是引发光化学烟雾的重要污染源。

4. 光化学烟雾的危害

（1）对人体健康的危害

光化学烟雾对人体健康的影响主要表现在以下几方面。

① 光化学烟雾影响人的呼吸道功能，特别是会损伤儿童的肺功能，引起头疼、喉痛、咳嗽、气喘，严重时会出现呼吸困难、头晕、发烧、胸疼、恶心、手足抽搐、疲乏等症状。最终会导致血压下降、昏迷不醒，可使慢性呼吸系统疾病的病情恶化。当大气中的 O_3 为 $0.05mg/m^3$ 时即可引起鼻、喉头黏膜的刺激，引起哮喘发作，导致上呼吸道疾病恶化，对老人、儿童和体弱多病者尤为严重，如 1952 年洛杉矶事件发生时，两天就使 65 岁以上的老人死亡 400 余人。

② 对眼睛有强烈的刺激作用。会引起流泪、眼红肿、结膜炎。主要作用物是 PAN、甲醛、丙烯醛、各种自由基及过氧化物等。其中 PAN 是极强的催泪剂，其催泪作用是甲醛的 200 倍。如美国加州在 1970 年发生的光化学烟雾大气污染中，城市的 3/4 人口患了红眼病。

③ 对全身影响。O_3 还能阻止血液输氧功能，造成组织缺氧，并使甲状腺功能受损，骨骼早期钙化。还能引起潜在的全身影响，如诱发淋巴细胞染色体畸变、损害某些酶的活性和产生溶血反应，长期吸入氧化剂会影响细胞新陈代谢，加速人体

老化。

④ 致敏作用。甲醛是致敏物质，能引起流泪、喷嚏、咳嗽、呼吸困难、哮喘等。

⑤ 突变作用。臭氧是强氧化剂，可与 DNA、RNA 等生物大分子发生反应，并使其结构受损。

（2）对植物的危害

光化学烟雾能使植物叶片受害变黄以致枯死。植物长期遭受臭氧污染，可导致高产性能的消失，甚至使植物丧失遗传基础。这是由于臭氧影响细胞的渗透性，降低了光合作用，使植物根部缺乏营养，同时又影响根部向上输送养料和水分。据资料统计，1959 年由于光化学污染使大片树木枯死，葡萄减产 60% 以上、柑橘也严重减产；这年出于光化学污染引起的农作物减产损失达 800 万美元。对光化学烟雾敏感的植物还有棉花、烟草、甜菜、莴苣、番茄、菠菜、某些花卉和多种树木。

（3）其他危害

光化学烟雾还会促进酸雨形成，使染料和绘画褪色，使橡胶变硬，降低大气的能见度，影响飞机的安全飞行和汽车的安全行使。光化学烟雾还可使交通事故的发生率猛增。

5. 光化学烟雾污染的控制

光化学烟雾污染是氮氧化物和挥发性有机物相互作用而产生的一种新型污染现象，也是目前全球范围内城市大气环境的焦点问题。氮氧化物和挥发性有机物通常被称为臭氧的前体物，由于这一问题的产生过程中存在复杂的化学反应，在某一特定地区，要制订以臭氧为主的光化学烟雾控制对策，必须深入研究该地区大气的化学特征，弄清这一地区臭氧的生成是受氮氧化物制约，还是由挥发性有机物制约，是否还有其他的影响因素，从而确定该地区光化学烟雾污染的控制，应当从控制氮氧化物入手，或必须从控制有机物入手，或者甚至必须同时减少该地区的氮氧化物和有机物的排放。

氮氧化物和碳氢化合物的排放控制是具有相当难度的工作。制订现实可行的控制措施还必须充分了解当地这两类化合物的来源情况，从而掌握其排放削减的可能性。

学习情境九

环境中的有机污染物

【引入案例】 2005 年 11 月 13 日，中石油吉林石化公司双苯厂发生爆炸事故，造成松花江水环境污染。事故产生的主要污染物为苯、苯胺和硝基苯等有机物，事故区域排出的污水主要通过吉化公司东 10 号线进入松花江；超标的污染物主要是硝基苯和苯，属于重大环境污染事件。2005 年 11 月 13 日 16时 30 分开始，环保部门对吉化公司东 10 号线周围及其入江口和吉林市出境断面白旗、松江大桥以下水域、松花江九站断面等水环境进行监测。11 月 14 日10 时，吉化公司东 10 号线入江口水样有强烈的苦杏仁气味，苯、苯胺、硝基苯、二甲苯等主要污染物指标均超过国家规定标准。松花江九站断面 5 项指标全部检出，以苯、硝基苯为主；从三次监测结果分析，污染逐渐减轻，但右岸仍超标 100 倍，左岸超标 10 倍以上。松花江白旗断面只检出苯和硝基苯，其中苯超标 108 倍，硝基苯未超标。随着水体流动，污染带向下转移。11 月 20日 16 时到达黑龙江和吉林交界的肇源段，硝基苯开始超标，最大超标倍数为29.1 倍，污染带长约 80km，持续时间 40h。

　　事隔不久，12 月 16 日，在广东北江又发生严重镉污染事件，肇事的韶关冶炼厂曾多次被评为"全国治理污染先进单位"。近年来，这类重大突发事故不断发生。如 2003 年重庆市开县"12·13"特大井喷事件，造成 234 人死亡；2004 年 3 月，沱江的重大污染事故。这些事件不仅反映了我国在重化工业布局，企业安全生产和环境保护方面存在的具有共性的问题，也突出地暴露了地方政府在危机处理、信息公开方面的重大缺陷。

任务　目测不同水样与高锰酸钾水浴反应的现象评定有机污染物含量高低

一、知识目标

1. 了解水中有机污染物的主要来源；
2. 了解高锰酸盐指数测定的意义；
3. 掌握高锰酸盐指数测定的方法原理。

二、能力目标

1. 能够说出高锰酸盐指数测定的意义和原理；
2. 能够从加热过程中的颜色初步判断出高锰酸盐指数的大小。

三、任务准备

1. 基本原理了解

高锰酸盐指数，是指在酸性或碱性介质中，以高锰酸钾为氧化剂，处理水样时所消耗的量，以氧的浓度（mg/L）来表示。水中的亚硝酸盐、亚铁盐、硫化物等还原性无机物和在此条件下可被氧化的有机物，均可消耗高锰酸钾。因此，高锰酸盐指数常被作为地表水体受有机污染物和还原性无机物质污染程度的综合指标。

我国规定了环境水质的高锰酸盐指数的标准。

高锰酸盐指数亦被称为化学需氧量的高锰酸钾法。由于在规定条件下，水中有机物只能部分被氧化，并不是理论上的需氧量，也不是反映水体中总有机物含量的尺度。因此，用高锰酸盐指数这一术语作为水质的一项指标，亦有别于重铬酸钾法的化学需氧量（主要应用于工业废水），更符合于客观实际。

高锰酸盐指数测定方法分为酸性法和碱性法，酸性法适用于氯离子含量不超过300mg/L的水样（当水样的高锰酸盐指数值超过10mg/L时，则酌情分取少量试样，并用水稀释后再行测定）；当水样中氯离子浓度高于300mg/L时，应采用碱性法。

本任务中采用酸性法。酸性法原理：水样中加入硫酸使成酸性后，加入一定量的高锰酸钾溶液，并在沸水浴中加热反应一定时间。剩余的高锰酸钾，用草酸钠溶液还原并加入过量，再用高锰酸钾溶液回滴过量的草酸钠，通过计算求出高锰酸盐指数值。本任务中不要求测定水中高锰酸盐的具体数值，只要求能从水浴现象初步判断不同水样中高锰酸盐指数的大小，即有机污染物的含量高低。

2. 试剂和仪器

（1）试剂

①硫酸（1+3）　1 体积硫酸缓慢加到 3 体积水中。

②高锰酸钾贮备液 $[c\ (1/5KMnO_4)\ =0.1mol/L]$　称取 3.2g 高锰酸钾（$KMnO_4$）溶于 1.2L 水中，加热煮沸，使体积减小到约 1L，在暗处放置过夜，用 G_3 玻璃砂芯漏斗过滤后，滤液贮于棕色瓶中保存。

③高锰酸钾使用液 $[c\ (1/5KMnO_4)\ =0.01mol/L]$　吸取一定量的上述高锰酸钾溶液，用水稀释至 1000mL，并调节至 0.01mol/L 浓度左右，贮于棕色瓶中，在暗处可存放几个月。

【注】　由于本实验无需测定高锰酸盐指数，可不用标定。

（2）仪器

沸水浴装置，250mL 锥形瓶，移液管。

四、任务实施

1. 水样采集

在校园内不同地方采集水样，如池塘、景观水、排水沟、实验室废水等，采集量约 500mL 即可。注意，采集过程中将水中的悬浮杂物及其他杂物弃掉，在运送过程中勿剧烈震动水样。

2. 水样加热

①分取不同地方采集的水样 100mL（如高锰酸盐指数高于 10mg/L，则酌情少取，并用水稀释至 100mL）于 250mL 锥形瓶中。

【注意】　在移取前将采集样摇匀。

②加入 5mL（1+3）硫酸，混匀。

③加入 10.00mL 高锰酸钾使用液，摇匀，立即放入沸水浴中加热 30min（从水浴重新沸腾起计时）。注意沸水液面要高于锥形瓶中的反应溶液液面。

3. 观察颜色

在加热过程中，观察不同水样的颜色变化，高锰酸钾溶液的颜色是否褪去，褪去的快慢等，若褪去则再补加一定量的高锰酸钾溶液，再观察颜色，直至反应过程都能保持高锰酸钾的颜色为止。

4. 思考

①如何从高锰酸钾的颜色变化判断水样受有机污染的程度？

②对颜色褪去的水样为什么需要补加高锰酸钾溶液？你觉得要测定出水样的高锰酸盐指数，对于有机污染严重的水样可以有哪些处理方式？

5. 撰写并提交任务实施的总结报告

 【相关知识】

有机化合物主要是由氧元素、氢元素、碳元素组成的含碳化合物（一氧化碳、二氧化碳、碳酸、碳酸盐、碳酸氢盐、金属碳化物、氰化物、硫氰化物等除外）或碳氢化合物及其衍生物的总称。有机物是生命产生的物质基础。水体环境中有机污染物种类繁多，一般分为需氧有机物和持久性污染物这两大类。

需氧有机物（耗氧有机物）对水生生物无直接毒害，但是降解耗氧，引起水体缺氧，水质恶化，使得氧化还原条件改变。好氧有机污染物的大量增加，导致水体 E 急剧下降，Fe^{2+}、Mn^{2+}、Cr^{3+} 等重金属离子释放出来，使得 pH 降低。一般伴随 E 降低，pH 会降低，酸性增强，金属溶解，酸性增强情况下金属 Hg 也容易甲基化。所以需氧有机物能增加一些重金属溶解和毒性增强，特别在河口地段。同时在这种情况下也易发生静止水体的富营养化。

持久性污染物（有毒有机物）一般属于人工合成，食品添加剂、洗涤剂、杀虫剂、塑料、化妆品、涂料、农药等都是持久性污染物。持久性污染物易于生物累积，有致癌作用。其水溶性差，而脂溶性强，易于积聚在生物体内，并通过食物链放大。

一、有机物的来源与分类

在生活污水、食品加工和造纸等工业废水中，含有碳水化合物、蛋白质、油脂、木质素等有机物质。这些物质以悬浮或溶解状态存在于废水中，可通过微生物的生物化学作用而分解。在其分解过程中需要消耗氧气，因而被称为耗氧污染物。这种污染物可造成水中溶解氧减少，影响鱼类和其他水生生物的生长。水中溶解氧耗尽后，有机物进行厌氧分解，产生硫化氢、氨和硫醇等难闻气味，使水质恶化。水体中有机物成分非常复杂，耗氧有机物浓度常用单位体积水中耗氧物质生化分解过程中所消耗的氧量表示。

有机废水一般是指由造纸、皮革及食品等行业排出的耗氧有机物浓度在 2000mg/L 以上废水。这些废水中含有大量的碳水化合物、脂肪、蛋白、纤维素等有机物，如果直接排放，会造成严重污染。工业有机废水来源很多，主要来自柠檬酸、制糖、酒精、造纸、养殖、PTA 等行业，这些行业处理废水的主流方式是采用生化法进行处理，处理过程中产生大量沼气。根据估算，每生产 1t 柠檬酸可产生大约 225m³ 沼气，其中甲烷含量可达 60% 左右，这种沼气用于发电是一种非常好的燃料，每立方米沼气可以发 $1.7kW \cdot h$ 电，效益非常可观。生产 1t 酒精可产生 $300m^3$ 沼气，甲烷含量可达 70%，热值更高。其他行业类同，产生的沼气量都很可观。

有机废水按其性质来源可分为三大类：①易于生物降解有机废水；②有机物可以降解，但含有害物质的废水；③难生物降解的和有害的有机废水。

二、有机废水的特点

1. 有机物浓度高

COD 一般在 2000mg/L 以上，有的甚至高达几万乃至几十万毫克/升，相对而言，BOD 较低，很多废水 BOD 与 COD 的比值小于 0.3。

2. 成分复杂

含有毒性物质废水中有机物以芳香族化合物和杂环化合物居多，还多含有硫化物、氮化物、重金属和有毒有机物。

3. 色度高，有异味

有些废水散发出刺鼻恶臭，给周围环境造成不良影响。

4. 具有强酸强碱性

工业产生的有机废水中酸、碱类众多，往往具有强酸或强碱性。

5. 不易生物降解有机废水中所含的有机污染物结构复杂

如萘环是由 10 个碳原子组成的离域共轭键，结构相当稳定，难以降解。这类废水中大多数的 BOD_5/COD 极低，生化性差，且对微生物有毒性，难以用一般的生化方法处理。

三、有机污染物在水体中的迁移转化

污染物进入水体后发生各种反应，根据污染物的不同性质可产生不同的污染过程。有机污染物在水环境中的迁移转化主要取决于有机污染物本身的性质以及水体的环境条件。有机污染物一般通过吸附作用、挥发作用、水解作用、光解作用、生物富集和生物降解作用等过程进行迁移转化。

1. 分配理论

近 20 年来，国际上对有机化合物的吸附分配理论开展了广泛研究。结果均表明，颗粒物（沉积物或土壤）从水中吸着有机物的量与颗粒物中有机质含量密切相关。而且发现土壤-水分配系数与水中这些溶质的溶解度成反比。并提出了在土壤-水体系中，土壤对非离子性有机化合物的吸着主要是溶质的分配过程

（溶解）这一分配理论，即非离子性有机化合物可通过溶解作用分配到土壤有机质中，并经一定时间达到分配平衡，此时有机化合物在土壤有机质和水中含量的比值称分配系数。

实际上，有机化合物在土壤（沉积物）中的吸着存在着两种主要机理。

（1）分配作用

即在水溶液中，土壤有机质（包括水生生物脂肪以及植物有机质等）对有机化合物的溶解作用，而且在溶质的整个溶解范围内，吸附等温线都是线性的，与表面吸附位无关，只与有机化合物的溶解度相关，因而放出的吸附热小（相似相溶原理）。

（2）吸附作用

即在非极性有机溶剂中，土壤矿物质对有机化合物的表面吸附作用或干土壤矿物质对有机化合物的表面吸附作用。

2. 挥发作用

许多有机物，特别是卤代脂肪烃和芳香烃，都具有挥发性，从水中挥发到大气中后，其对人体健康的影响加速，如 CH_2Cl_2、CH_2ClCH_2Cl 等。

挥发作用是有机物从溶解态转入气相的一种重要迁移过程。在自然环境中，需要考虑许多有毒物质的挥发作用。挥发速率依赖于有毒物质的性质和水体的特征。如果有毒物质具有"高挥发"性质，那么显然在影响有毒物质的迁移转化和归趋方面，挥发作用是一个重要的过程。

（1）亨利定律

亨利定律是表示当一个化学物质在气-液相达到平衡时，溶解于水相的浓度与气相中化学物质浓度（或分压力）有关，亨利定律的一般表示式：

$$p = K_H c_w \tag{9-1}$$

式中　p——污染物在水面大气中的平衡分压，Pa；

c_w——污染物在水中平衡浓度，mol/m^3；

K_H——亨利常数，$Pa \cdot m^3/mol$。

如果大气中存在某种污染物，其分压为 p，那么在水中的溶解形成的浓度：

$$c_w = p/K_H \tag{9-2}$$

（2）挥发作用的双膜理论

双膜理论是基于化学物质从水中挥发时必须克服来自近水表层和空气层的阻力而提出的。这种阻力控制着化学物质由水向空气迁移的速率。

在气膜和液膜的界面上，液相浓度为 c_i，气相分压则用 p_{ci} 表示，假设化学物质在气液界面上达到平衡并且遵循亨利定律，则：$p_{ci} = K_H c_i$。

若在界面上不存在净积累，则一个相的质量通量必须等于另一相的质量通量。因此化学物质在$-z$方向的通量（F_z）可表示为：

$$F_z = K_{Li}(c - c_i) = \frac{-K_{gi}(p - p_{ci})}{RT} = \frac{K_{gi}n}{V} \tag{9-3}$$

式中　K_{gi}——在气相通过气膜的传质系数；

　　　K_{Li}——在液相通过液膜的传质系数；

　　$c - c_i$——从液相挥发时存在的浓度梯度；

　　$p - p_{ci}$——在气相一侧存在一个气膜的浓度梯度。可得：

$$c_i = \frac{K_L c + K_g p/(RT)}{K_L + K_g K_H/(RT)} \tag{9-4}$$

若以液相为主时，气相的浓度为零（$p = 0$），将c_i代入后得：

$$F_z = K_{Li}(c - c_i) = \frac{K_L K_g K_H}{K_L RT + K_g K_H} c = K_{vL} c \tag{9-5}$$

$$K_{vL} = \frac{K_L K_g K_H}{K_L RT + K_g K_H} \tag{9-6}$$

由于所分析的污染物是在水相，因而方程可写为：

$$\frac{1}{K_v} = \frac{1}{K_L} + \frac{RT}{K_g K_H} \quad \text{或者} \quad \frac{1}{K_v} = \frac{1}{K_L} + \frac{1}{K_H{}' K_g} \tag{9-7}$$

由此可以看出，挥发速率常数依赖于K_L、$K_H{}'$和K_g。当亨利定律常数大于$1.0130 \times 10^2 Pa \cdot m^3/mol$时，挥发作用主要受液膜控制，此时可用$K_v = K_L$。

亨利定律常数小于$1.013 Pa \cdot m^3/mol$时，挥发作用主要受气膜控制，此时可用$K_v = K_H{}' K_g$这个简化方程。如果亨利定律常数介于二者之间，则式中两项都是重要的。

3. 水解作用

水解作用是有机化合物与水之间最重要的反应。在反应中，化合物的官能团 X— 和水中的 OH— 发生交换，整个反应可表示为：

$$RX + H_2O \longrightarrow ROH + HX$$

有机物通过水解反应而改变了原化合物的化学结构。对于许多有机物来说，水解作用是其在环境中消失的重要途径。在环境条件下，一般酯类和饱和卤代烃容易水解，不饱和卤代烃和芳香烃则不易发生水解。

酯类水解：$RCOOR' + H_2O \longrightarrow RCOOH + R'OH$

饱和卤代烃：$CH_3CH_2CBrHCH_3 + H_2O \longrightarrow CH_3CH_2CHOHCH_3 + HBr$

水解作用可以改变反应分子，但并不能总是生成低毒产物。例如2，4-D酯类的水解作用就生成毒性更大的2，4-D酸，而有些化合物的水解作用则生成低毒产物。

水解产物可能比原来化合物更易或更难挥发，与 pH 有关的离子化水解产物的挥发性可能是零，而且水解产物一般比原来的化合物更易为生物降解（虽然有少数例外）。

4. 光解作用

光化作用的一种，物质由于光的作用而分解的过程。光解作用是有机污染物真正的分解过程，因为它不可逆地改变了反应分子，强烈地影响水环境中某些污染物的归趋。一个有毒化合物的光化学分解的产物可能还是有毒的。例如，辐照 DDT 反应产生的 DDE，它在环境中滞留时间比 DDT 还长。

光解过程可分为三类：第一类称为直接光解，这是化合物本身直接吸收了太阳能而进行分解反应；第二类称为敏化光解，水体中存在的天然物质（如腐殖质等）被阳光激发，又将其激发态的能量转移给化合物而导致的分解反应；第三类是氧化反应，天然物质被辐照而产生自由基或纯态氧（又称单一氧）等中间体，这些中间体又与化合物作用而生成转化的产物。

5. 生物降解作用

生物降解是引起有机污染物分解的最重要的环境过程之一。水环境中化合物的生物降解依赖于微生物通过酶催化反应分解有机物。当微生物代谢时，一些有机污染物作为食物源提供能量和提供细胞生长所需的碳；另一些有机物，不能作为微生物的唯一碳源和能源，必须由另外的化合物提供。因此，有机物生物降解存在两种代谢模式：生长代谢（growth metabolism）和共代谢（cometabolism）。这两种代谢特征和降解速率极不相同，下面分别进行讨论。

（1）生长代谢

许多有毒物质可以像天然有机化合物那样作为微生物的生长基质。只要用这些有毒物质作为微生物培养的唯一碳源便可鉴定是否属生长代谢。在生长代谢过程中微生物可对有毒物质进行较彻底的降解或矿化，因而是解毒生长基质去毒效应和相当快的生长基质代谢，意味着与那些不能用这种方法降解的化合物相比，对环境威胁小。

一个化合物在开始使用之前，必须使微生物群落适应这种化学物质，在野外和室内试验表明，一般需要 2～50 天的滞后期，一旦微生物群体适应了它，生长基质的降解是相当快的。由于生长基质和生长浓度均随时间而变化，因而其动力学表达式相当复杂。

（2）共代谢

某些有机污染物不能作为微生物的唯一碳源与能源，必须有另外的化合物存在提供微生物碳源或能源时，该有机物才能被降解，这种现象称为共代谢。它在那些难降解的化合物代谢过程中起着重要作用，展示了通过几种微生物的一系列共代谢作用，可使某些特殊有机污染物彻底降解的可能性。微生物共代谢的动力学明显不同于生长代谢的动力学，共代谢没有滞后期，降解速度一般比完全驯化的生长代谢慢。共代谢并不提供微生物体任何能量，不影响种群多少。然而，共代谢速率直接与微生物种群的多少成正比，Paris 等描述了微生物催化水解反应的二级速率定律：

$$-\mathrm{d}c/\mathrm{d}t = K_{b2}Bc \tag{9-9}$$

由于微生物种群不依赖于共代谢速率，因而生物降解速率常数可以用 $K_b = K_{b2}B$ 表示，从而使其简化为一级动力学方程。

用上述的二级生物降解的速率常数文献值时，需要估计细菌种群的多少，不同技术的细菌计数可能使结果发生高达几个数量级的变化，因此根据用于计算 K_{b2} 的同一方法来估计 B 值是重要的。

总之，影响生物降解的主要因素是有机化合物本身的化学结构和微生物的种类。此外，一些环境因素如温度、pH、反应体系的溶解氧等也能影响生物降解有机物的速率。

四、有机物的表征指标

一般水中有机物的组成比较复杂，它们的危害主要来自于氧的消耗。单独测定有机物的难度较大，所以实际上采用溶解氧（DO）、生化需氧量（BOD）、化学耗氧量（COD）、总有机碳（TOC）、总需氧量（TOD）等各种指标来表示有机物污染程度。

1. 有机物污染程度指标

① 化学需氧量（COD）　指水体中能被氧化的物质在规定条件下进行化学氧化过程中所消耗氧化剂的量，以每升水样消耗氧的质量（mg）表示。常用的化学氧化剂有重铬酸钾和高锰酸钾，同一水样用两种不同的方法测定的结果是不同的，因此，在报告 COD 的测定结果时应注明测定方法。

COD 的测定方法简便、迅速，但不能反映有机污染物在水中降解的实际情况。水中有机物的降解主要靠生物的作用。测定结果表明，当废水中有机物较稳定时，COD 与 BOD 之间存在一定的关系，即 $COD_{Cr} > BOD_{20} > BOD_5 > COD_{Mn}$（高锰酸盐指数）。

② 生化需氧量（BOD）　指地面水体中微生物分解有机物过程中消耗水中的溶解氧的量（mg/L），又称生物需氧量，全称生物化学需氧量。BOD 反映水中可被微生物分解的有机物总量，一个 BOD 高的水体不可能很快地补充氧气，对水生生物是不利的。一般情况下，BOD_5 低于 3mg/L 时，水质清洁；达到 7.5 时，水质不好；大于 10 时，水质已很差，鱼类不能生存。

微生物在分解有机物过程中，分解作用的速率和程度与温度和时间有直接的关系，测定时一般以 20℃作为温度标准。测定结果表明，生活污水中第一步的生化氧化需要 20d 才能完成，这给实际测定带来很大困难。为此，一般以 5d 作为测定生化需氧量的标准时间，称为五日生化需氧量（BOD_5）。通常有机物的五日生化需氧量约为第一步生化需氧量的 70%。BOD 能比较确切地说明耗氧有机物对环境的影响程度。但是测定周期长，不便及时指导实践。毒性大的废水可抑制生物活动，影响测定结果，甚至无法进行测定。

2. 有机物污染缺氧现象判断

被有机废水严重污染的水体会出现缺氧现象，了解水体是否受有机污染而产生缺氧现象，可以从以下几个方面进行。

① 观察水色变化。通常水质恶化后根据溶氧从高至低顺序，水色开始变清，逐渐由清变白，进而变红，最严重时变黑。氨、亚硝酸、硫化氢等有害物质伴随逐渐升高，常是浮游生物死亡后尸体分解、饲料大量剩余等引起的。

② 观察水中浮游动物及底栖动物的活动状态。缺氧时，浮游动物常聚集在水体中上层，枝角类常呈红色。水蚯蚓、水生昆虫、野生虾蟹、螺等底栖动物靠近池边，严重时不怕惊吓以致死亡。越冬池冰下缺氧，浮游动物、昆虫常大量聚集在冰眼处。

③ 观察虾、蟹、鳖、蛙等养殖动物的活动状态及摄食情况。轻度缺氧，摄食减少，有些钓鱼池表现为上钩率减少，严重时停食；逐渐鱼类"浮头"、虾蟹"游塘"，严重缺氧时出现死亡。另外缺氧时鱼虾等动物易顶水；长期缺氧则表现为病理性症状，如鲢鱼长时间"浮头"下颌延长。

④ 观察底质及排出污水情况。缺氧时底质易发臭，排污时，排出的水发黑，臭味较重。

⑤ 测定溶解氧。正常水产动物溶氧最好保持在 5mg/L 以上，低于 2mg/L 多表现为缺氧症状。

五、有机废水处理技术

1. 污水处理分级

按照处理程度分类，污水处理一般可分为三级。

（1）一级处理

一级处理又名初级处理，其任务是去除废水中部分或大部分悬浮物和漂浮物，中和废水中的酸和碱。处理流程常采用格栅-沉砂池-沉淀池以及废水物理处理法中各种处理单元。一般经一级处理后，悬浮固体的去除率达 70%～80%，BOD 去除率只有 20%～40%，废水中的胶体或溶解污染物去除作用不大，故其废水处理程度不高。

（2）二级处理

二级处理又称生物处理，其任务是去除废水中呈胶体状态和溶解状态的有机物。常用方法是活性污泥法和生物滤池法等。经二级处理后，废水中 80%～90% 有机物可被去除，出水的 BOD 和悬浮物都较低，通常能达排放要求。

（3）三级处理

三级处理又称深度处理，其任务是进一步去除二级处理未能去除的污染物，其中包括微生物、未被降解的有机物、磷、氮和可溶性无机物。常用方法有化学凝聚、砂滤、活性炭吸附、臭氧氧化、离子交换、电渗析和反渗透等方法。经三级处理后，通常可达到工业用水、农业用水和饮用水的标准。但废水三级处理基建费和运行费用都很高，约为相同规模二级处理的 2～3 倍，因此只能用于严重缺水的地区或城市，回收利用经三级处理后的排出水。

2. 有机废水处理方法

（1）物化处理技术

物化法常作为一种预处理的手段应用于有机废水处理，预处理的目的是通过回收废水中的有用成分，或对一些难生物降解物进行处理，从而达到去除有机物，提高生化性，降低生化处理负荷，提高处理效率。一般常用的物化法有萃取法、吸附法、浓缩法、超声波降解法等。

① 萃取法　在众多的预处理方法中，萃取法具有效率高、操作简单、投资较少等特点。特别是基于可逆配合反应的萃取分离方法，对极性有机稀溶液的分离具有高效性和选择性，在难降解有机废水的处理方面具有广阔的应用前景。

溶剂萃取法利用难溶或不溶于水的有机溶剂与废水接触，萃取废水中的非极性有机物，再对负载后的萃取剂进一步处理。为了避免有机溶剂对环境的污染，又开发了超临界二氧化碳萃取。该法简单易行，适于处理有回收价值的有机物，但只能用于非极性有机物，被萃取的有机物和萃取后的废水需要进一步处理，有机溶剂还可能造成二次污染。萃取只是一个污染物的物理转移过程，而非真正的降解。

② 吸附法　吸附剂的种类很多，有活性炭、大孔树脂、活性白土、硅藻土等。在有机废水中常用的吸附剂有活性炭和大孔树脂。虽然活性炭具有较高的吸附性，但由于再生困难、费用高而在国内较少使用。例如将活性炭投加到难降解染料废水的试验容器中，当活性炭的投加浓度为 200mg/L 时，色度的去除率为 77%；而投加质量浓度增加到 400mg/L 时，色度的去除率达到 86%。

③ 浓缩法　浓缩法是利用某些污染物溶解度较小的特点，将大部分水蒸发使

污染物浓缩并分离析出的方法。浓缩法操作简单，工艺成熟，并能实现有用物质的部分回收，适合于处理含盐有机废水。该法的缺点是能耗高，如有废热可用或降低能耗，则该法是可行的。

④ 超声波降解法　采用超声波降解水体中有机污染物，尤其是难降解有机污染物，是 20 世纪 90 年代兴起的新型水污染控制技术。该技术利用超声辐射产生的空化效应，将水中的难降解有机污染物分解为环境可以接受的小分子物质，不仅操作简便、降解速度快，还可以单独或与其他水处理技术联合使用，是一种极具产业前景的清洁净化方法。它集高级氧化技术、焚烧、超临界水氧化等多种水处理技术特点于一身，具有反应条件温和、速度快、适用范围广等特点，可以单独或与其他技术联合使用，具有很大的发展潜力。超声波能在水中引起空化，产生约 4000K 和 100MPa 的瞬间局部高温高压环境，同时以约 110m/s 的速度产生具有强的微射流和冲击波。水分子在热点达到超临界状态，并分解成羟基自由基、超氧基等，羟基自由基是目前所发现的最强的氧化剂。有机物在热点发生化学键断、水相燃烧、高温分解、超临界水氧化、自由基氧化等。这些效应加上声场中的质点振动、次级衍生波等为有机物提供了其他方法难以达到的多种降解途径。

（2）化学处理技术

化学处理技术是应用化学原理和化学作用将废水中的污染物成分转化为无害物质，使废水得到净化的方法。化学氧化法分为两大类，一类是在常温常压下利用强氧化剂（如过氧化氢、高锰酸钾、次氯酸盐、臭氧等）将废水中的有机物氧化成二氧化碳和水；另一类是在高温高压下分解废水中有机物，包括超临界水氧化和湿空气氧化工艺，所用的氧化剂通常为氧气或过氧化氢，一般采用催化剂降低反应条件，加快反应速率。化学氧化法反应速率快、控制简单，但成本较高，通常难以将难降解的有机物一步氧化到无机物质，而且目前对中间产物的控制的研究较少。该技术也常常作为生化处理的预处理方法使用。其主要的方法有焚烧法、Fenton 氧化法、臭氧氧化法、电化学氧化法等。

① 焚烧法　焚烧法利用燃料油、煤等助燃剂将有机废水单独或者和其他废物混合燃烧，焚烧炉可采用各种炉型。效率高，速度快，可以一步将有害废水中有机物彻底转化为二氧化碳和水。但设备投资大，处理成本高，除某些特殊废水（如医院废水）以外难以采用。

② Fenton 氧化法　Fenton 试剂具有很强的氧化能力，因此 Fenton 氧化法在处理废水有机物过程中发挥了巨大的作用，一般用于处理难降解有机废水。Fenton 试剂就是加 Fe_2SO_4 和 H_2O_2，过氧化氢（H_2O_2）与二价铁离子 Fe^{2+} 的混合溶液具有强氧化性，可以将当时很多已知的有机化合物如羧酸、醇、酯类氧化为无机

态，氧化效果十分明显，其氧化性极强，一般的有机物可完全被氧化为无机态。

但由于体系中含有大量的 Fe^{2+}，H_2O_2 的利用率不高，使有机物降解不完全。后来人们对传统的 Fenton 氧化法进行了改进。如光助反应就是在反应体系中辅以紫外线和可见光，在低浓度亚铁离子、理论双氧水加入量、紫外线和可见光的汞灯的照射下，反应 0.5h，溶解性有机碳去除率可以高达 90%。

③ 臭氧氧化法　臭氧在水处理方面具有氧化能力强、反应速率快、不产生污泥、无二次污染等特点，在去除合成洗涤剂以及降低水中的 BOD、COD 等方面都具有特殊的效果。臭氧对难降解有机物的氧化通常是使其环状分子的部分环或长链分子部分断裂，从而使大分子物质变成小分子物质，生成易于生化降解的物质，提高废水的可生化性。臭氧氧化技术在难生物降解有机废水处理过程中常作为预处理。研究发现，臭氧氧化法对多数染料能取得很好的脱色效果，但对硫化、还原、涂料等不溶于水的染料脱色效果较差。

④ 电化学氧化法　电化学氧化又称电化学燃烧，它是在电极表面的电氧化作用下或由电场作用而产生的自由基作用下使有机物氧化。电化学氧化分为直接电化学氧化和间接电化学氧化。直接电化学氧化是使难降解有机物在电极表面发生氧化还原反应。目前，已证实对氯苯酚、五氯化酚均可在阳极上彻底分解。间接电化学氧化就是利用电化学反应产生氧化剂或还原剂使污染物降解的一种方法。据报道，采用电解生成次氯酸盐氧化剂，可氧化去除氨氮及难降解的有机污染物。

（3）生物处理技术

生物处理是废水净化的主要工艺，主要用于处理农药、印染、制药等行业的有机废水。生物处理法是利用微生物的代谢作用来分解、转化水体中的有毒有害化学物质和其他各种超标组分的生物技术，降解作用的场所主要是含微生物的活性污泥、生物膜及其相应的反应器，由此诞生了各类生物处理方法和技术。微生物法不仅经济、安全，而且处理的污染物阈值低、残留少、无二次污染，有较好的应用前景。根据反应条件的不同，微生物处理法可分为好氧生物处理和厌氧生物处理两大类。

① 活性污泥法　活性污泥法是当前应用最为广泛的一种生物处理技术。活性污泥是一种由无数细菌和其他微生物组成的絮凝体，其表面有多糖类黏质层。活性污泥法就是利用这种活性污泥的吸附、氧化作用，去除废水中的有机污染物。

② 生物膜法　废水连续流经固体填料（碎石、塑料填料等），在填料上就会生成污泥状的生物膜，生物膜中繁殖着大量的微生物，起到与活性污泥同样的净化废水的作用。

生物膜法有多种处理构筑物，如生物滤池、生物转盘、生物接触氧化床和生物流化床等。

③ 自然生物处理法　利用在自然条件下生长、繁殖的微生物（不加以人工强化或略加强化）处理废水的技术。其主要特征是工艺简单，建设与运行费用都较低，但受自然条件的制约。主要的处理技术是稳定塘和土地处理法。

稳定塘是利用塘水中自然繁育的微生物（好氧、兼氧及厌氧），在其自身的代谢作用下氧化分解废水中的有机物，稳定塘中的氧由塘中生长的藻类光合作用和塘面与大气相接触的复氧作用提供，在稳定塘内废水停留时间长，它对废水的净化过程与自然水体净化过程相近。稳定塘可分为好氧塘、兼性塘、厌氧塘和曝气塘等。包括废水灌溉在内的土地处理法也是一种生物处理法。废水向农作物提供水分和肥分，废水中非溶解性杂质为表层土壤过滤截留，并逐渐为微生物分解利用。近十几年来利用土地处理废水方面有了较大的发展。

④ 厌氧生物处理法　厌氧生物处理法是利用兼性厌氧菌和专性厌氧菌在无氧条件下降解有机污染物的处理技术。有机污泥、某些高浓度有机污染物的工业废水，如屠宰场、酒精厂废水等适宜于用厌氧生物处理法处理。用于厌氧处理的构筑物最普通的是消化池，最近一二十年来这个领域有很大发展，开创了一系列新型、高效的厌氧处理构筑物，如厌氧滤池、上流式厌氧污泥床、厌氧转盘、挡板式厌氧反应器以及复合厌氧反应器等。

六、耗氧有机污染物对环境的影响

耗氧有机物指动、植物残体、生活污水及某些工业废水中所含的碳水化合物、蛋白质、脂肪和木质素等易被微生物分解的有机化合物，它们在微生物的作用下最终分解为简单的无机物质、二氧化碳和水等。其分解过程中要消耗水中的溶解氧，使水质恶化，故又称为需氧有机物（污染物）。

1. 耗氧有机物的来源

水体中的耗氧有机物的来源可分为天然和人为两种。全球水环境恶化的根源是人为污染源造成。天然污染源就是水生植物如藻类光合作用所产生的有机质和天然水循环通过降雨与径流而溶入并迁移至水中的可溶性有机物，如腐殖酸、蛋白质和糖类。这类物质通过水体自净可以得到一定程度的降解。人为污染源则包括工业废水、生活污水、农业废水、水产养殖废水。以造纸、纺织、制革和食品加工为主的工业废水中含有大量易降解的有机质、颜料和色素等；生活污水则含有诸如淀粉、脂肪、纤维素、蛋白质和糖类这样高量的有机物；农业废水主要指养殖场的粪便污水。

2. 耗氧有机物的危害

当这类污染物大量排放于水环境后，会使好氧性微生物大量繁殖并大量消耗水中溶解的氧，导致鱼类等水生生物因缺氧而死亡。当水中溶解氧耗尽后，这类污物则在水中厌氧性微生物作用下继续转化，先形成脂肪酸等中间产物，继而进一步转化为甲烷（CH_4，沼气主要成分）、水和二氧化碳等稳定物质，同时放出硫化氢、硫醇、氨等具恶臭的气体，使水变臭、发酵，从而导致水环境质量进一步恶化。

3. 耗氧有机物在水环境中的迁移转化

耗氧有机物在水环境中一般通过耗氧微生物进行生化降解。其基本反应可分为两大类，即水解反应和氧化反应。氧化反应是通过化学氧化、光化学氧化和生物化学氧化来实现的。其中生物化学氧化具有最重要的意义。

典型的好氧有机物如碳水化合物、脂肪、蛋白质等，降解的共同规律都是首先在细胞体外发生水解，然后在细胞内部继续水解和氧化。降解的后期产物为各种有机酸。在有氧条件下，其最终产物是 CO_2、H_2O 和 NO_3^-、SO_4^- 等；在缺氧条件下进行反硝化、反硫化、甲烷发酵、酸性发酵等，其最终产物除 CO_2 和 H_2O 外，还有 NH_3、H_2S、CH_4、有机酸等。

4. 耗氧有机物的防治

防治耗氧有机物污染危害的途径有：①从根本上减少排放量；②避免直接进入水体，在有条件的地方可发展土地处置系统、污水灌溉、制造沼气等；③对需要排入水体的应进行污水生化处理、氧化塘处理以达到标准；④人工曝气、人工充氧；⑤研究水体容量及自净规律，合理制定排放标准，加强管理；⑥加强监测、预报。

七、环境中常见的有机污染物

1. 苯系物

（1）三苯（苯、甲苯、二甲苯）

苯是煤焦油蒸馏或石油裂化的产物，是工业生产的重要原料，如香料、染料、颜料、药物、农药、树脂和洗涤剂等工业。由于苯具有溶解能力，且在常温常压下易挥发等特点，在生产、运输、储存和应用过程中散入环境而造成危害。

甲苯是石油和石油产品生产过程中衍生而成的，在化学工业中可用于多种化学物质的合成，如颜料、油漆、胶以及汽车、飞机汽油的组分等。二甲苯在工业生产中也是重要的原料之一。甲苯和二甲苯也是在常温常压下易挥发的物质。苯、甲苯、二甲苯属挥发性有机化合物（VOCs）石油加工产品，其中汽油含苯 2.3%～6%，甲苯 4.6%，二甲苯 9.9%。此外，染料、香料、医药、炸药、合成树脂、纤维、合成洗涤剂中广泛用作溶剂。苯、甲苯、二甲苯可通过呼吸（或皮肤渗入）进入人体，甲苯、二甲苯在体内通过甲基氧化，依次转成苯甲醇、苯甲酸和马尿酸（苯甲酰甘氨酸）最终代谢产物马尿酸可在尿中检出。甲苯在人体中生物半衰期为 6h。

低剂量、长期吸入苯可引起慢性中毒，表现为造血机能障碍，血小板减少、贫血、白血病，神经衰弱、皮疹。苯还是一种致癌物，且能诱发人的染色体畸变。当空气中苯的浓度达 $24mg/m^3$ 时，可在 30s 内致人死亡。

甲苯毒性略低，二甲苯比甲苯和苯具有更强的毒害神经的效应。

（2）苯乙烯

① 健康危害　对眼和上呼吸道黏膜有刺激和麻醉作用。

② 急性中毒　高浓度时，立即引起眼及上呼吸道黏膜的刺激，出现眼痛、流泪、流涕、喷嚏、咽痛、咳嗽等，继之头痛、头晕、恶心、呕吐、全身乏力等；严重者可有眩晕、步态蹒跚。眼部受苯乙烯液体污染时，可致灼伤。

③ 慢性影响　常见神经衰弱综合征，有头痛、乏力、恶心、食欲减退、腹胀、忧郁、健忘、指颤等。对呼吸道有刺激作用，长期接触时可引起阻塞性肺部病变，皮肤粗糙、皲裂和增厚等危害。本品易燃，为可疑致癌物，具刺激性。

④ 危险特性　其蒸气与空气可形成爆炸性混合物，遇明火、高热或与氧化剂接触，有引起燃烧爆炸的危险。遇酸性催化剂如路易斯催化剂、齐格勒催化剂、硫酸、氯化铁、氯化铝等都能发生猛烈聚合，放出大量热量。其蒸气比空气重，能在较低处扩散到相当远的地方，遇火源会着火燃烧。

2. 甲醛

甲醛是一种无色但有很强刺激性的气体。目前甲醛已被世界卫生组织确定为致癌和致畸形物质。虽然一般人群只暴露于含低浓度甲醛的大气中，但长期的低剂量接触也会引起不良的健康效应，其症状与急性效应是相似的。室内的甲醛主要来自建筑材料、装饰材料及清洗剂、香烟烟雾等。据北京大学进行的一项研究，该校经过装修后的新住房中，监测范围内的甲醛超标率达 70%。

人们日常生活中甲醛的来源也较多：①板材、塑料、油料、油漆，释放期限可达 3~15 年；②纤维助剂，在酸碱作用、热水洗涤时释放（慢），渗入皮肤、吸入呼吸道；③香烟烟雾，一支含 500mg 烟叶的纸烟中含：0.07~0.1mg 甲醛；④40%甲醛（福尔马林）作杀菌剂、防腐剂，吊白粉（含甲醛次硫酸钠）在工业上作还原剂。

甲醛进入人体后，在骨髓造血组织中被富集，通过去甲基作用和葡萄糖醛酸反应而使其转化，解毒。而对先天、后天解毒能力不足者，诱使白血病、骨髓异常增生综合征等发生。

3. 挥发酚

酚类为原生质毒，属高毒物质，人体摄入一定量会出现急性中毒症状；长期饮用被酚污染的水，可引起头痛、出疹、瘙痒、贫血及各种神经系统症状。当水中含酚 0.1~0.2mg/L，鱼肉有异味；大于 5mg/L 时，鱼中毒死亡。含酚浓度高的废水不宜用于农田灌溉，否则会使农作物枯死或减产。常根据酚的沸点、挥发性和能否与水蒸气一起蒸出，分为挥发酚和不挥发酚。通常认为沸点在 230℃ 以下为挥发酚，一般为一元酚；沸点在 230℃ 以上为不挥发酚。酚的主要污染源有煤气洗涤、炼焦、合成氨、造纸、木材防腐和化工行业的工业废水。酚类的分析方法较多，而各国普遍采用的为 4-氨基安替比林光度法，国际标准化组织颁布的测酚方法亦为此。

水样中挥发酚浓度低于 0.5mg/L 时采用 4-氨基安替比林萃取光度法，浓度高于 0.5mg/L 时采用 4-氨基安替比林直接光度法。

4. 石油

石油中的主要污染物是各种烃类化合物——烷烃、环烷烃、芳香烃等。多环芳烃（简称 PAHs）是含碳化合物在温度高于 400℃ 时，经热解环化和聚合作用而生成的产物，是石油污染物中主要的一种。在石油的开采、炼制、贮运、使用过程中，原油和各种石油制品进入环境而造成污染，其中包括通过河流排入海洋的废油、船舶排放和事故溢油、海底油田泄漏和井喷事故等。当前，石油对海洋的污染已成为世界性的环境问题。1991 年发生的海湾战争，人为地使大量原油从科威特的艾哈迈迪油港流入波斯湾，这是最大的一次石油污染海洋事件，它将带来难以估量的恶果。

生物毒性实验表明：许多 PAHs 具有致癌作用，是公认的有毒有机污染物。研究发现多环芳烃还具有破坏造血和淋巴系统的作用，能使脾、胸腺和隔膜淋巴结退化，抑制骨骼形成。在许多动物实验中，多环芳烃还表现出致畸作用。PAHs 的种类多达数百种，它们的基本结构是芳香烃的多环同系物，具有相似的物理化学性质。美国环保署公布的 129 种优先污染物中有 16 种多环芳烃。另外，石油或其制品进入水域后，对水体质量有很大影响。这不仅是因为石油中的各种成分都有一定的毒性，还因为它具有破坏生物的正常生活环境，造成生物机能障碍的物理作用。石油比水轻又不溶于水，覆盖在水面上形成薄膜层，既阻碍了大气中氧在水中的溶解，又因薄膜的生物分解和自身的氧化作用，会消耗水中大量的溶解氧，致使海水缺氧，同时因石油覆盖或堵塞生物的表面和微细结构，抑制了生物的正常运动，且阻碍了动物正常摄取食物、呼吸等活动。石油膜会堵塞鱼的鳃部，使鱼呼吸困难，甚至引起贝类死亡。若以含油的污水灌田，也会因油膜黏附在农作物上而使其枯死。

5. 多氯联苯（简称 PCBs）

多氯联苯（PCBs）是联苯分子中一部分或全部氢被氯取代后所形成的各种异构体混合物的总称。一般以四氯或五氯化合物为最多，若 10 个氢皆被置换则可形成 210 种化合物。由于 PCBs 的挥发性和水中溶解性较小，因此它在水中含量较少。同时它又容易被颗粒物吸附，因此，大部分的 PCBs 都是附着在水体中的悬浮颗粒物上，最终依照颗粒大小以一定的速度沉降到底泥中。因此，底泥中的 PCBs

含量要比其上水体高 1~2 个数量级。同时由于底泥的迁移扩散性差，其中的 PCBs 很容易被积蓄，再加上它的高脂溶性，因此容易浓缩在生物体内。

多氯联苯的化学性质较稳定，属于环境中的持久性污染物。它在水中的转化主要是光化学分解和生物转化。光化学分解主要是利用紫外光的激发使碳氯键断裂，最终产生芳基自由基和氯自由基。PCBs 可被假单胞菌等微生物降解，含氯原子数量越少，越易被微生物降解。PCBs 在动物体内除积累外，还可通过代谢作用发生转化，其转化速率也随分子中氯原子的增多而降低。

PCBs 有剧毒，在天然水和生物体内部很难降解，是一种很稳定的环境污染物。但易溶于有机溶剂和脂肪，其进入生物体内也相当稳定，故一旦侵入机体就不易排泄，而易聚集于脂肪组织、肝和脑中，引起皮肤和肝脏损坏。随着水体水分循环，PCBs 污染已成为环境污染最具代表性的物质之一。最为著名的就是 1968 年日本发生的"米糠油中毒事件"。到 1998 年，认定多氯联苯受害人高达 1867 人，死亡 22 人，其原因就是米糠油中混入了多氯联苯。

6. 表面活性剂

（1）表面活性剂的来源

表面活性剂也称作表面活性物质，广泛应用于工业、农业、建筑业、医药以及日常生活中，从人们日常使用的洗涤剂到工业上的乳化剂、润湿剂等，表面活性剂几乎无所不在。预计到 2050 年其用量将达到 1.8×10^6 t。目前生物降解性能较差的表面活性剂已经基本被淘汰，广泛使用的表面活性剂已被证明是可生物降解的，生活中洗涤剂主要成分是表面活性剂。

（2）表面活性剂的危害

洗涤剂使用后的洗涤污水给环境带来影响甚至危害。洗涤剂通过人类饮食、皮肤接触吸收危害人体健康。若其在水体中含量达到 10mg/L 时，会引起鱼类死亡和水稻减产。另外，由于合成洗涤剂本身就是一种有机物，在水中可进行生物降解，在分解过程中要消耗水中的溶解氧，使水中含氧量降低，同时当洗涤剂在水体中含量达 0.5mg/L 时，水中会漂浮起泡沫，这种泡沫覆盖水面也降低了水的复氧速度和程度，这必然会影响水生生物及鱼类的生存。1963 年出现在美国俄亥俄河上达半米多厚的泡沫，就是这类污染的一个典型例子。再者洗涤剂中含量高的辅助剂磷酸盐随着洗涤污水排入水域中，使水中浮游生物繁殖所需的 P 营养元素增加，会产生水体富营养化现象。据资料显示，如今水体中磷的含量约有一半来自人们生活使用的合成洗涤剂。

附　录

附录一　化学药品急性伤害的救护常识

伤害类型		症状	急救措施
呼吸中毒	Cl_2、Br_2、HCl、H_2S、SO_2、NO_2	刺激性气体,常伴有流泪、流涕、喷嚏、咳嗽、胸部压迫感等呼吸系统症状,进一步发生头疼、头晕、恶心等中枢中毒症状	迅速离开现场,到通风良好的地方,呼吸新鲜空气
	CO、HCN	症状不明显,出现头晕无力时已十分严重	同上
酸灼伤	硫酸	轻者局部发红疼痛,中度者烧成水疱,边缘充血;重者皮肤及皮下组织坏死,烧成焦黑色,后期可结成灰褐色痂皮	饱和 $NaHCO_3$ 溶液或清水冲洗;出现水疱,须再涂以红汞或龙胆紫溶液
	硝酸	与硫酸相似,皮肤结痂呈灰黄色	同上
	盐酸	症状轻于硫酸、硝酸。皮肤发红,少有水疱或破溃	同上
	氢氟酸	症状显现迟缓,当稍有疼痛时,烧伤已到严重程度。表现为发痒、疼痛、湿疹和各种皮炎、肿胀,并迅速坏死向下深入形成溃疡,甚至深及软骨组织	迅速用稀氨水或清水冲洗,然后在伤口处敷以新鲜配制的 $20\%MgO$ 甘油悬浮液或甘油-氧化镁混合药剂(2:1)
	乙酸	皮肤发红,疼痛,后结成灰白色痂皮	清水冲洗即可
	苯甲酸	刺激皮肤引发皮炎、湿疹等	同上
碱灼伤(碱金属碱类)		皮肤变白,刺痛,边缘红肿起水疱,甚至糜烂。强碱对皮肤的灼伤将在皮表留下终生难以磨灭的疤痕	用水、柠檬汁、稀醋酸或 2% 硼酸冲洗伤口
溴灼伤		剧烈痒痛,出现各种皮疹如斑丘疹、脓疱疹等	立即清洗:1:1:10(体积比)氨水-松节油-乙醇混合液,$10\%Na_2S_2O_3$,甘油
酚灼伤		皮肤发红、瘙痒或刺痛,后表面变白,起皱纹,甚至水肿,几天后表皮脱落。重者如不及时采取补救措施,则皮表变黑,组织坏死	先用 $2\%NaHCO_3$ 溶液或生理盐水冲洗,再用 4:1 乙醇、$0.3mol/L FeCl_3$ 混合液冲洗,再包扎

附录二 化学实验室常见的
有毒性、致癌性的药品

1. 常见无机物的毒性

物 质	毒 性	物质	毒性
砷化物	剧毒	氟化物	有毒
铅化物	积累性中毒	氰化物	剧毒
钡化物	除硫酸钡外高度毒害	CO	高度毒害
白磷	微量使人致死,剧毒	PH_3、AsH_3、SbH_3	剧毒
溴	强烈灼伤皮肤和黏膜	H_2S	剧毒,使嗅觉麻痹
氯	强烈灼伤皮肤和黏膜	HCl	剧毒
碘	碘蒸气高度毒害,特别伤害眼睛	汞	高度毒害
亚硝酸盐		通常不列为毒品,但其致死量也仅约 1g	

2. 常见有机物的毒性

名称	急性毒性(大鼠 LD_{50})[3]/(mg/kg)
乙腈	200~453(or)[1]
乙炔	947(LD_{100},p. i.)[2].[4]
乙醛	1930(口服)、LC_{50} 36
乙醇	13660(or)、60(p. i.)
乙醚	300(p. i.)
二氯甲烷	1600(or)
二甲苯(混合物)	2000~4300(or)
二硫化碳	300(or)
丙酮	9750(or)、300(p. i.)
甲苯	1000(or)
甲醛	800(or)、1(p. i.)
甲醇	12880(or)、200(p. iLD_{100})
四氯化碳	>500(or)、150(p. i.)、1280(小鼠经口)
四氢呋喃	65(p. i.)(小鼠)
石油醚	—
苄氯	—
环己烷	5500(or)
环己酮	2000(or)
环氧乙烷	330(or)
吡啶	1580(or)、12(p. i. LD_{100})
苯	5700(or)、51(p. i.)
苯酚	530(or)
氯仿	2180(or)
硝基苯	500(or)

续表

名称	急性毒性(大鼠 LD$_{50}$)② /(mg/kg)
碘甲烷	101(腹腔)
醋酸	3300(or)
醋酐	1780(or)
乙酸乙酯	5620(or)

① or 为经口(mg/kg)。

② p. i. 为每次吸入量(数字表示 mg/m³空气),无特殊注明者所用实验动物皆为大鼠。

③ LD$_{50}$(mg/kg)为半数致死量:指被试动物一次口服、注射或皮肤涂抹药剂后产生急性中毒而有半数死亡所需该药剂的量。

④ LD$_{100}$(mg/kg)为完全致死量。

3. 常见化学致癌物

类别	名　称
无机物	石棉(所有的石棉制品)、砷化物、镍及某些不溶性镍盐、铍及其化合物、镉及其化合物、肼、铬酸锌、铬酸盐、三氧化铬、羰基铬、三氧化锑
有机烷基化试剂	碘甲烷、重氮甲烷、硫酸二甲酯、β-丙内酯、双氯甲基醚
烃	氯乙烯、苯、3,4-苯并芘
亚硝胺	N,N-二甲基亚硝胺、N-亚硝基-N-苯基脲
氨基、硝基及偶氮化合物	苯肼、4-二甲氨基偶氮苯、4-硝基联苯、4-氨基联苯、联苯胺、α-硝基萘、α-氨基萘

附录三　化学实验室常用的干燥剂

干燥剂	酸碱性	应用范围	备注
CaCl$_2$	中性	烷烃、卤代烃、烯烃、酮、醚、硝基化合物、中性气体、HCl	吸水量大,作用快,效力含有碱性 CaO,不适用于醇、胺、氨、酚、酸等的干燥
Na$_2$SO$_4$	中性	同 CaCl$_2$ 及其不能干燥的物质	吸水量大,作用慢,效力低
MgSO$_4$	中性	同 Na$_2$SO$_4$	比同 Na$_2$SO$_4$作用快,效力高
CaSO$_4$	中性	烷烃、醇、醛、酮、醚、芳烃	吸水量小,作用快,效力高
K$_2$CO$_3$	强碱性	醇、酯、酮、胺、杂环	不适用于酚、酸类化合物
KOH、NaOH	强碱性	胺、杂环	不适用于酸类化合物,作用快速有效
CaO	碱性	低级醇、胺	作用慢,效力高,干燥后液体需蒸馏
Na	强酸性	烃中痕量水、醚、三级胺	不适合于醇、卤代烃,作用快速有效
浓硫酸	酸性	脂肪烃、烷基卤代物	不适合于醇、烯、醚及碱性化合物
P$_2$O$_5$		醚、烃、卤代烃、腈中痕量水、酸性物质、CO$_2$	不适合于醇、酮、碱性化合物、HCl、HF,效力高,吸收后需蒸馏分离
硅胶		吸潮保干	不适合于 HF
分子筛		有机物	作用快,效力高,可再生使用

参 考 文 献

[1] 吕小明,肖文胜,韦连喜.环境化学.武汉:武汉理工大学出版社,2005.

[2] 展慧英,徐卫军,纪彩虹.环境化学.兰州:甘肃科学出版社,2008.

[3] 戴树佳.环境化学.北京:高等教育出版社,2001.

[4] 王红云,赵连俊.环境化学.北京:化学工业出版社,2009.

[5] 税永红,吴国旭.环境监测技术.北京:科学出版社,2009.

[6] 黄进,黄正文等.环境监测实验.成都:四川大学出版社,2010.

[7] 唐利平.无机化学.北京:化学工业出版社,2011.

[8] 房爱敏,董素芳.基础化学.北京:化学工业出版社,2010.